AF385025

ÉTUDE

DE

LA SÉCRÉTION

SALIVAIRE RÉFLEXE

EXPÉRIENCES CHEZ LE CHIEN PAR LA MÉTHODE
DES FISTULES PERMANENTES

PAR

Lucien MALLOIZEL

Docteur ès-sciences
Interne des hôpitaux

A. BUSSIÈRE, IMPRIMEUR-ÉDITEUR

SAINT-AMAND-MONT-ROND, CHER

1905

ÉTUDE

DE

LA SÉCRÉTION

SALIVAIRE RÉFLEXE

EXPÉRIENCES CHEZ LE CHIEN PAR LA MÉTHODE DES FISTULES PERMANENTES

PAR

Lucien MALLOIZEL

Docteur ès-sciences
Interne des hôpitaux

BIBLIOTHÈQUE

A. BUSSIÈRE, IMPRIMEUR-ÉDITEUR

SAINT-AMAND-MONT-ROND, CHER

—

1905

A

MONSIEUR LE PROFESSEUR DASTRE

Professeur de Physiologie à la Sorbonne
Membre de l'Institut

*Hommage de mon dévouement et de
mon inaltérable reconnaissance.*

A MES GRANDS PARENTS

A MA TANTE

A MA FEMME

A MES AMIS

DE LA SORBONNE ET DES HOPITAUX

AVANT-PROPOS

C'est la lecture des leçons de Pawlow sur « le Travail des Glandes Digestives » qui nous a donné l'idée de ces recherches.

Nous avons été séduit par les résultats que le professeur de Saint-Pétersbourg a obtenus, avec l'aide de la méthode des fistules permanentes, et nous avons appliqué cette méthode à l'étude de la sécrétion salivaire réflexe chez le chien.

La plupart de nos expériences portent sur la glande sous-maxillaire ; cependant nous n'avons pas négligé complètement la parotide dont Pawlow avait déjà entrepris l'étude.

Dans une Introduction, il nous a paru bon d'insister sur le parti qu'on peut tirer de l'emploi des fistules permanentes. A dessein, nous avons choisi et rapproché quelques faits prouvés par cette méthode et ayant trait à d'autres glandes digestives. Ces résultats pourront dans la suite être comparés à nos conclusions personnelles.

Notre travail lui-même comprend deux parties :

Dans la première, nous opérons sur un chien normal, pourvu de tous ses nerfs centripètes et centrifuges. Nous étudions les réactions sécrétrices des glandes salivaires sous l'influence d'excitations portant à l'origine sur les terminaisons périphériques des nerfs sensitifs.

Cette première partie est elle-même divisée en trois chapitres : Le premier traite de la salivation réflexe par gustation ; le second, de l'activité amylolytique de la salive en rapport avec la nature de l'excitant : le troisième, de la salivation réflexe par l'intermédiaire des nerfs sensitifs autres que les nerfs du goût et de l'influence de l'état psychique sur la salivation.

Dans une deuxième partie, nous étudions les voies du réflexe salivaire. Elle comprend aussi trois chapitres :

Le premier est consacré à quelques expériences faites sur des chiens ayant subi différentes sections des nerfs gustatifs.

Le second traite de l'action des poisons excito — ou fréno-sécrétoires.

La connaissance de cette action éclaircit l'étude des nerfs centrifuges, en même temps qu'elle renseigne sur les propriétés spéciales de ces alcaloïdes.

Nous terminons, dans un dernier chapitre, par l'exposé d'une série d'expériences sur les nerfs centrifuges et un essai d'analyse nerveuse de la partie terminale sécrétoire et vaso-motrice de l'arc réflexe.

Dans chaque chapitre, nos recherches personnelles sont précédées d'un paragraphe où nous exposons l'histoire de la question et les expériences des auteurs qui se rapportent à notre sujet.

Tous nos travaux ont été faits au laboratoire de Physiologie de la Sorbonne, depuis le mois de Novembre 1901. A mon cher maître, Monsieur le Professeur Dastre, qui m'a toujours accueilli avec tant de sympathie et m'a constamment aidé de ses encouragements et de ses conseils, j'adresse ici l'expression de ma profonde et inaltérable reconnaissance. Je prie également mes camarades de laboratoire, et en particulier le docteur Victor Henri, à la collaboration de qui je dois beaucoup de mes expériences, de recevoir ici le témoignage de ma sincère amitié.

TABLE DES MATIÈRES

AVANT-PROPOS

INTRODUCTION

LES FISTULES PERMANENTES

Chiens mis en expérience et opérations pratiquées

1re PARTIE. — ETUDE DE LA SALIVATION RÉFLEXE NORMALE CHEZ LE CHIEN

CHAPITRE Ier. — Etude d'un chien à fistule sous-maxillaire permanente sécrétant sous l'influence d'excitations gustatives. Conditions de la sécrétion. La sécrétion spécifique suivant l'excitant. Comparaison entre la sécrétion sous-maxillaire et la sécrétion parotidienne.

Pages

1. Historique de la composition chimique 13
2. Historique de la sécrétion réflexe par excitation gustative. 18
3. Recherches personnelles. — Préparation de l'animal. . 23
4. Description de l'expérience. Excitants. 25
5. Résultats. Réaction 26
6. Temps d'attente 27
7. Quantité de salive sécrétée 28
8. Quantité de mucine sécrétée. Viscosité 28

Pages

9. Influence de la quantité d'excitant, pour un excitant donné, sur la richesse en mucine de la sécrétion . .   30
10. Rapidité de la variation qualitative des sécrétions correspondant à des excitants différents, ingérés successivement   31
11. Salive obtenue par excitation gustative avec un mélange de deux substances.   32
12. Salive produite par les substances en solution   33
13. Salive parotidienne. Préparation de l'animal   34
14. Salive parotidienne recueillie par fistule permanente .   35
15. Salivation comparée des deux glandes avec des substances diverses en solution différemment concentrées.   36
16. Conclusions   41

Chapitre II. — Activité de la salive en rapport avec la nature de de l'excitant.

17. Historique   44
18. Recherches personnelles. Méthode de dosage   46
19. Résultats.   47
20. Exaltation du pouvoir amylolytique des salives pures .   50
21. Activité de la salive parotidienne   52
22. Conclusions.   53

Chapitre III. — La sécrétion psychique. Sécrétion réflexe provoquée par l'excitation des nerfs sensoriels autres que les nerfs du goût.

23. Historique   55
24. Recherches personnelles. Les rôles de la salive. . . .   57
25. « Les » sécrétions psychiques   58
26. Salivation par perception gustative   59
27. Sécrétion psychique par représentation d'images . . .   60
28. Influence de l'habitude et de l'éducation.   63
29. Sécrétion par perception olfactive   65
30. Expériences sur la salivation olfactive   66
31. Salivation par images auditives   68
32. Conclusions.   68

2ᵉ PARTIE. — LES VOIES DU RÉFLEXE SALIVAIRE.

CHAPITRE IV. — Sécrétion sous-maxillaire chez le chien à fistule permanente après la section des nerfs gustatifs.

Pages

33. Historique. 75
34. Recherches personnelles. — Mode opératoire 79
35. Résultats. Chiens à linguaux ou à glosso-pharyngiens coupés. 80
36. Section des 2 paires de nerfs gustatifs. Le réflexe salivaire pharyngien 83
37. Conclusions 86

CHAPITRE V. — Action de quelques alcaloïdes sur la sécrétion salivaire. Poisons excito — et fréno-sécrétoires. Pilocarpine et Atropine. Leur antagonisme.

38. Historique. La valeur de l'étude des poisons 88
39. Étude de la pilocarpine. Marche de la sécrétion. . . . 93
40. Comparaison entre la parotide et la sous-maxillaire . . 95
41. Variations qualitatives de la salive sécrétée sous l'influence de la pilocarpine. Mucine 96
42. Activité de la salive produite par la pilocarpine . . . 99
43. Sécrétion par la pilocarpine sur un chien à corde du tympan coupée 100
44. Variations de la sécrétion produite par la pilocarpine sous l'influence d'excitations gustatives 103
45. Sécrétion par la pilocarpine sur un chien à ganglion cervical supérieur réséqué 105
46. Action de l'Atropine sur un chien normal 107
47. Action de l'Atropine sur des chiens à nerfs sectionnés . 109
48. Arrêt de la sécrétion produite par la pilocarpine, par l'atropine. 111
49. Conclusions 113

CHAPITRE VI. — Expériences sur la partie centrifuge du réflexe. Nerfs sécrétoires et vaso-moteurs.

50. Historique 116
1. Recherches personnelles. Section de la corde du tympan. 124

Pages

52. Section physiologique de la corde par l'atropine . . . 125
53. Régénération lente de la corde après la section. . . . 126
54. Résection du ganglion cervical supérieur du sympathique. 128
55. Action des alcaloïdes excito-sécrétoires 131
56. Résumé. — Conclusions 133

Appendice. — Action de l'adrénaline sur la sécrétion salivaire.

57. Historique 136
58. Recherches personnelles. Voie veineuse 138
59. Applications locales 140
60. Conclusions 145

Conclusions Générales 147

INTRODUCTION

Progrès apportés par les méthodes nouvelles dans la physiologie de la digestion. — Les fistules permanentes. — Résultats qu'on peut attendre de leur emploi pour l'étude d'une sécrétion glandulaire.

Si on jette un coup d'œil d'ensemble sur la digestion, on voit que le but de cet acte physiologique se résume à rendre les aliments absorbables par le sang et assimilables par l'organisme. A cette fin, elle tend, par des moyens mécaniques et surtout chimiques, à imposer aux substances variées qui constituent l'alimentation, un état de solubilité qui permet leur absorption et leur utilisation au profit de la nutrition de l'être vivant.

Les phénomènes mécaniques ont été connus les premiers ; puis ce fut le tour des transformations chimiques avec la découverte des ferments.

Pawlow compare le tube digestif à une sorte de laboratoire, où, à mesure que les différentes substances alimentaires progressent par le fait de la contraction musculaire, les ferments sécrétés par les glandes viennent leur faire subir les modifications chimiques qui doivent permettre leur assimilation.

Mais cette sécrétion glandulaire ne se fait pas indifféremment; un fait qui a frappé depuis longtemps tous les physiologistes, est le rapport entre l'alimentation et la sécrétion des ferments : Les glandes sécrètent surtout pendant la digestion. L'expérience de Ludwig en 1851 sur l'excitation du nerf lingual, montra pour la première fois que les nerfs avaient une action sur les glandes. Depuis, la connaissance des influences nerveuses a fait beaucoup de progrès, si bien qu'à l'heure actuelle, à l'étude des phénomènes mécaniques, physiques et chimiques dont l'ensemble constitue une grande part de la physiologie de la digestion, il faut joindre encore l'étude des phénomènes nerveux qui commandent et règlent les mouvements et les sécrétions, qui établissent entre la digestion et les autres fonctions une harmonie dont la perfection a toujours frappé l'esprit des auteurs.

Une analyse complète de la digestion doit donc comprendre successivement l'étude des aliments, celle des sucs digestifs, enfin celle de la sécrétion de ces sucs et par suite des réflexes glandulaires.

Cl. Bernard, Brucke, Ludwig et leurs élèves, pour étudier le travail des glandes digestives, ont employé une méthode consistant à rechercher comment, à un moment donné du parcours du tube digestif, sont modifiés les aliments bruts. En multipliant ces recherches, ils arrivent à se faire une idée d'ensemble du processus digestif.

Les auteurs récents, après Heidenhain, et en dernier lieu Pawlow, se sont davantage préoccupés de la marche de la sécrétion des glandes digestives.

Etant donné un aliment, une étude complète de la digestion de cet aliment demande de répondre aux questions suivantes :

1° Quelle est la quantité de suc sécrétée pour une quantité donnée d'aliments ?

2° Quelle est la nature de ce suc ?

3° A quel moment est-il sécrété ? et quel est le mécanisme de cette sécrétion ?

Or, les méthodes anciennes, sont loin de répondre à ces questions.

En dehors de la narcose, qui modifie toujours d'une manière sensible la sécrétion des sucs glandulaires, en dehors du choc opératoire lui-même, les fistules temporaires avaient bien d'autres desiderata (1).

Il n'est pas rare de léser, dans la préparation d'une région, quelques nerfs délicats, dont le fonctionnement est altéré. Une seule expérience est possible sur le même animal et encore de courte durée. La meilleure preuve de la défectuosité de la méthode, c'est qu'elle a donné, et souvent entre les mains du même auteur, des résultats contradictoires.

Les physiologistes en furent frappés et tentèrent de transformer la fistule temporaire en fistule permanente. On établit d'abord un tube de verre ou de métal dans le conduit excréteur.

(1) Nous rappellerons que c'est sur l'estomac qu'ont été faites les premières fistules :

Beaumont ayant eu l'occasion d'observer en 1833 la fistule stomacale du Canadien St-Martin, ce fait inspira aux physiologistes l'idée de créer artificiellement de semblables fistules. C'est Blondot, en 1843, qui réalisa la première fistule gastrique. Dès l'année suivante, Schwann faisait la première fistule biliaire.

Claude Bernard obtint ainsi des fistules des canaux salivaires, et même des fistules pancréatiques qui étaient permanentes durant 5 ou 6 jours, puis le canal s'emflammait,
s'oblitérait et l'animal n'était plus utilisable.

L'inconvénient des tubes laissés dans les conduits
amena les physiologistes à tenter de les supprimer.

Fait intéressant, c'est sur les glandes salivaires (parotides), qu'on établit les premières fistules permanentes.

Deux procédés furent d'abord employés; celui de Cl.
Bernard et celui de Schiff.

Cl. Bernard fait une incision transversale au niveau de
la joue, il sectionne en deux tronçons le canal de Sténon,
puis suture la plaie, en ayant soin d'y laisser un tube de
verre pour empêcher la réunion totale. Il enlève le tube
quand on expérimente sur l'animal. On obtient ainsi des
fistules permanentes pendant 15 jours et quelquefois plus.

Schiff sectionne également le canal très près de son
orifice buccal, il dissèque la portion attenant à la glande
et la laisse pendre entre les deux lèvres de la suture. Il
peut ainsi, comme Cl. Bernard, faire des expériences
réitérées sur des chiens opératoirement guéris.

Mais aucune de ces fistules n'était capable de rester indéfiniment permanente. C'est seulement en 1879-80 que
Heidenhain et Pawlow, chacun de leur côté, décrivirent
un procédé de fistule pancréatique permanente par suture
à la peau de la portion de la muqueuse intestinale comprenant l'orifice du canal de Wirsung.

En 1890 (1) M. Dastre décrivit l'opération de la fistule

(1) Dastre. — *Arch. de phys.* 1890. XXII, 4, p. 714.

biliaire permanente, et indiqua un dispositif spécial pour la réaliser. En 1899, Bruno (1), réalisa la fistule biliaire permanente par le procédé de Pawlow. Par le même procédé, Pawlow, Glinski et Wulfson (1898) firent des fistules salivaires analogues.

Par ce procédé, on se rapproche beaucoup de l'expérimentation idéale.

Il n'y a plus de choc opératoire, plus d'anesthésiques.

Les expériences sont renouvelables à volonté sur le même animal.

On obtient le suc en tout temps, on l'obtient pur, on l'obtient en totalité. Enfin l'animal est en bonne santé.

Le seul reproche qu'on puisse faire à cette méthode (et ce reproche est moindre avec les glandes paires et symétriques), c'est de supprimer l'action du suc sur les aliments.

Encore est-il des cas où cette suppression n'est que partielle, comme dans l'isolement du petit cul de sac stomacal de Heidenhain et Pawlow.

Pour prouver les qualités de la méthode, il est nécessaire de passer rapidement en revue quelques-uns des résultats qu'elle a donnés.

Disons d'abord quelques mots de la sécrétion biliaire. Dastre sur un chien porteur de fistule permanente a vu qu'elle était remarquablement fixe. Toutefois, elle présente quelques variations; et en particulier deux maxima, l'un matinal, l'autre vespéral. L'influence du repas sur la sécrétion n'est manifeste qu'après 10, 12 et même 14 heures.

(1) Bruno. — *Arch. biol. de St-Pétersbourg* 1899.

L'action de l'eau est à peu près nulle. Par ce procédé, il est aussi facile d'étudier l'action des cholagogues ; en particulier de la bile et du salicylate de soude. On constate que le bicarbonate de soude diminue la proportion de sels biliaires dans la sécrétion totale qui elle-même varie peu de quantité.

Bruno, avec des fistules permanentes faites suivant la méthode de Pawlow, a vu que la sécrétion biliaire débutait 15 minutes environ après l'arrivée des aliments dans l'estomac. La présence du chyme dans cet organe est nécessaire pour que la sécrétion se produise. Les albumines et les graisses sont presque seules capables de provoquer la sécrétion biliaire. Les influences psychiques sont sans effet.

Les recherches de Pawlow et de ses élèves ont surtout porté sur l'estomac et le pancréas. Ils ont étudié tour à tour le travail glandulaire correspondant à un aliment donné, la richesse du suc en ferment, les actions nerveuses. L'analyse de ces recherches peut servir d'exemple et faire pressentir quelles méthodes il est utile d'employer pour entreprendre de nouvelles études.

I. VARIATIONS DE LA QUANTITÉ DE SUC AVEC L'EXCITANT

En recueillant le suc pur d'animaux porteurs de fistules gastriques (cul de sac stomacal isolé) ou pancréatiques permanentes, Pawlow a constaté les faits suivants :

Sur l'estomac :

L'eau augmente la sécrétion des glandes gastriques,
Le jus de viande et le bouillon l'augmentent considérablement,
L'amidon, la graisse, l'albumine ne la modifient pas.
La graisse a sur la sécrétion une influence inhibitrice.

Sur le pancréas :

> L'eau augmente légèrement la sécrétion.
> L'acide est un excitant puissant et spécifique.
> La soude est inhibitrice de la sécrétion.

En employant des aliments usuels, le pain, le lait, la viande, il arrive à conclure de même que les quantités de sucs sécrétées par les glandes gastriques sont différentes suivant l'aliment.

Il montre de plus que la marche de la sécrétion varie suivant l'aliment et suivant la glande. Ainsi le maximum de sécrétion de suc gastrique après un repas de viande est à la première heure ; le maximum de sécrétion pancréatique après un repas de lait entre la troisième et la quatrième.

Ce n'est pas tout. Les courbes de sécrétion avec la même quantité d'un même aliment sont presque superposables à des jours différents ; et il existe un rapport entre la quantité d'aliment et la quantité de suc sécrété.

De ces faits découlent plusieurs notions qui jusqu'ici n'avaient jamais eu de contrôle aussi exact :

1. Les glandes gastriques et le pancréas semblent avoir des réactions spécifiques vis-à-vis d'un excitant donné.

2. Le travail des glandes digestives nous apparaît comme admirablement réglé, en vue de sa fin. Nous reviendrons bientôt sur ce dernier point.

II. VARIATIONS DE LA QUALITÉ DU SUC AVEC L'EXCITANT

Les sécrétions des glandes gastriques et pancréatiques varient aussi qualitativement suivant l'aliment employé.

C'est la viande qui provoque le suc gastrique le plus actif.

Cette activité d'ailleurs varie avec les différents moments de la sécrétion ; et les courbes d'activité concordent à des jours différents comme les courbes de sécrétion.

Avec la glande pancréatique qui contient trois ferments différents, le docteur Walther a trouvé en employant des repas de pain, de viande, et de lait, des proportions très différentes des trois ferments dans le suc sécrété.

Le suc de lait est le plus riche en trypsine et en stéapsine ; le suc de pain est très riche en amylase, très pauvre en stéapsine ; le suc de viande contient une proportion intermédiaire des trois ferments. Si on joint à ces faits que les unités de ferment tryptique sécrétées sont plus nombreuses dans le cas de la viande que dans le cas du lait, on voit encore que le caractère de finalité de la sécrétion est extrêmement net. Le suc s'adapte, pour ainsi dire, à l'aliment qu'il doit digérer.

Ce résultat qui étonne au premier abord trouve peut-être une explication dans d'autres expériences :

En prolongeant très longtemps un régime d'où la viande est exclue, on diminue notablement, chez le chien, l'activité du suc gastrique provoqué par la viande. L'habitude de certains aliments, le régime produit certainement, sinon une modification de structure, du moins un mode spécial de réaction des glandes digestives. Elles acquièrent pour ainsi dire une habitude, par cette sorte d'éducation.

On sait, d'après les recherches de MM. Dastre et Portier, que la muqueuse intestinale des lapins nouveaux-nés contient de la lactase, et que ce ferment disparaît après la période de lactation.

Des exemples nouveaux et encore plus frappants de cette adaptation nous sont fournis par la remarquable expérience du repas fictif.

Le suc gastrique se produit en abondance et il n'est jamais plus actif. L'impression gustative suffit pour provoquer la sécrétion.

Déjà, on trouve là une action des centres cérébraux supérieurs.

Bien plus, la vue seule de la viande, que le chien connaît, suffit à produire un suc abondant et actif.

Là intervient un acte cérébral ; cette sécrétion « par représentation d'images » comme nous proposons de l'appeler, est certainement un résultat de l'habitude, de l'éducation. — Elle prouve de plus que bien d'autres influences peuvent agir sur la sécrétion, et même des influences morales, le goût, le jugement, la volonté, le désir. On peut dire avec Pawlow : « l'appétit, c'est du suc. »

Etant donnée la facilité d'adaptation des glandes au régime, il est peut-être moins surprenant de les voir sécréter, comme dit aussi Pawlow, d'une façon si « intelligente ».

On voit quels résultats peut donner l'emploi des fistules

permanentes ; on voit aussi quelles sont les méthodes à suivre pour l'étude détaillée d'une sécrétion.

Reste cependant encore un point. Est-il possible et comment est-il possible d'étudier l'action du système nerveux sur les sécrétions digestives chez des animaux porteurs de fistules permanentes ?

Tout d'abord, la sécrétion qui se manifeste sous l'influence d'actions psychiques est une preuve irréfutable que le système nerveux a une influence sur elle.

Le cerveau intervient certainement dans l'expérience du repas fictif. En dehors de ces phénomènes dont certains sont connus de tout temps, (Salivation abondante à la vue d'un bon repas), les résultats qui prouvent la réalité des actions nerveuses ne peuvent être obtenus que de deux manières ; en sectionnant les nerfs, ou en les excitant d'une manière quelconque. Ces deux procédés ont été employés depuis longtemps par les physiologistes.

Or, si chez un chien gastro-œsophagotomisé on sectionne les vagues au cou, on voit que l'expérience du repas fictif ne provoque plus la sécrétion.

Il en résulte que certains agents excitateurs provoquent la sécrétion gastrique par l'intermédiaire des pneumogastriques (1er fait).

D'autre part les nerfs qui provoquent cette sécrétion sont réellement des nerfs sécrétoires et non des vaso-dilatateurs, car chez un chien non vagotomisé, l'augmentation de sécrétion sous l'influence d'une excitation plus forte (quantité plus forte de viande), aboutit à la sécrétion d'un suc plus abondant mais aussi plus concentré (2me fait).

Ces fibres sécrétrices contenues dans le vague sont de

deux ordres, fibres sécrétoires et fibres trophiques (1), car la sécrétion de l'eau et celle des substances solides se font évidemment indépendamment l'une de l'autre (3e fait).

Le fait que le vague est un nerf sécrétoire se vérifie aussi par la méthode d'excitation. En effet, si, chez un chien gastro-œsophagotomisé, on sectionne le vague droit et qu'on le laisse dans la plaie 3 ou 4 jours, afin d'éviter les actions inhibitrices dues au choc opératoire, l'excitation électrique du bout périphérique, après ce temps, provoque la sécrétion gastrique.

Quand on donne le repas fictif, le suc gastrique ne s'écoule qu'au bout de quelques minutes (période latente) 4ᵐᵒ fait.

On voit par ces exemples qu'il est possible d'étudier l'action du système nerveux sur les glandes chez des chiens porteurs de fistules permanentes ; que cette étude fournit des résultats appréciables, et permet de diminuer certaines causes d'erreur, en particulier celles qui sont dues aux effets inhibiteurs réflexes de l'opération.

En somme, cette méthode a déjà fait ses preuves ; son emploi permettait donc d'espérer que des recherches détaillées sur la sécrétion d'un groupe de glandes digestives seraient d'un certain intérêt et c'est ce qui nous a engagé à entreprendre ce travail.

(1) Heidenhain, a appelé filets trophiques, ceux qui commandent la sécrétion des matières organiques des sucs digestifs et en particulier des ferments.

Chiens mis en expérience et opérations pratiquées.

Noms	Poids	Dates	Opérations
Médor	15^{kg},500	11 Novembre 1901	Fistule sous-maxillaire permanente.
Fritz	15 kg.	27 Novembre 1901	Fistule sous-maxillaire permanente.
»	»	23 Mai 1902	Résection du ganglion cervical supérieur du grand sympathique.
Carton	18 kg.	10 Mars 1902	Double fistule gauche sous-maxillaire et parotidienne.
»	»	11 Avril 1902	Section de la corde du tympan dans le triangle du canal de Wharton et du nerf lingual.
Kitch	13^{kg},500	15 Février 1902	Fistule parotidienne permanente.
Tom	12^{kg},500	18 Novembre 1902	Double fistule gauche sous-maxillaire et parotidienne.
Vladi	22 kg.	10 Janvier 1904	Fistule sous-maxillaire permanente.
»	»	18 Février 1904	Section des 2 nerfs linguaux avant leur anastomose avec la corde.
»	»	9 Mars 1904	Section de 2 glosso-pharyngiens à la sortie du crâne.
Rask	14^{kg},500	12 Janvier 1904	Fistule sous-maxillaire permanente.
Diane	13 kg.	18 Janvier 1904	Fistule sous-maxillaire permanente.
»	»	20 Février 1904	Section de 2 glosso-pharyngiens à la sortie du crâne.

PREMIÈRE PARTIE

—

ETUDE DE LA SALIVATION RÉFLEXE NORMALE CHEZ LE CHIEN

—

Observation d'un chien normal porteur d'une fistule sous-maxillaire per-manente. Salivation réflexe produite par des excitations multiples sur les terminaisons des nerfs sensitifs.

———

CHAPITRE PREMIER

—

Etude d'un chien à fistule sous-maxillaire permanente secrétant sous l'influence d'excitations gustatives. — Conditions de la sécrétion. — La sécrétion spécifique suivant l'excitant. — Comparaison entre la sécrétion sous-maxillaire et la sécrétion parotidienne.

1. Historique de la composition chimique. — Les différentes salives recueillies pures par fistule tempo-raire ont été analysées par beaucoup d'auteurs. En ce qui còncerne la salive du chien, de nombreux chimistes ont donné leurs résultats. Nous signalerons les principaux :

1° *Salive parotidienne du chien.* — Les premières analyses furent faites par Bidder et Schmidt (1) et Jacubowitsch en 1848 (2). La salive était recueillie par fistule temporaire du canal de Sténon.

D'après Jacubowitsch, le poids spécifique varie de 1,004 à 1,007.

Par la chaleur, cette salive laisse déposer un précipité de carbonate de chaux.

Elle contiendrait très peu de ferment diastasique.

L'analyse chimique donne les résultats suivants :

Eau.	995,3 $^0/_{00}$
Substances solides .	4,7 »
Matières organiques	1,4 »
Phosphates alcalins ⎫ Chlorures alcalins ⎭	2,1 »
Carbonate de chaux.	1,2 »

Herter (3) dans la chimie physiologique d'Hoppe-Seyler, donne une analyse à peu près analogue.

Eau .	991,5 à 993,8 $^0/_{00}$
Substances solides	6,1 à 8,47 »
Matières organiques.	1,53 »
Chlorures et phosphates alcalins.	6,25 »
Carbonate de chaux.	0,68 »

(1) Bidder et Schmidt. — *Die Verdauungssäfte und der Stoffwechsel*, Leipzig, 1852, p. 7.

(2) Jacubowitsch. — *Canstatt's Iahresber.* 1848, p. 209.

(3) Hoppe-Seyler. — *Physiologische Chemie*, II, Berlin, 1878, p. 199.

Le même auteur trouve la teneur en CO^2 combiné de la salive parotidienne égale à 1,7-1,8. Hoppe-Seyler a retrouvé dans cette salive de l'O. libre.

Claude Bernard (1) a étudié de son côté la salive parotidienne du chien. Ses chiffres sont à peu près analogues. Il insiste sur deux points particuliers : La salive contient une albumine, coagulable par la chaleur. D'autre part, elle ne contient pas de mucine.

On y rencontre aussi quelques cellules épithéliales et les corpuscules salivaires, décrits pour la première fois par Oehl dans la salive humaine et identifiés depuis avec les lymphocytes.

2° *Salive sous-maxillaire du chien.* — Le premier fait qui frappa les auteurs, ce fut la viscosité de la salive sous-maxillaire. Cette viscosité est due à la mucine.

Cette substance a été extraite d'abord de la salive du bœuf par Obolenski (2), qui mit à profit sa précipitation et sa non redissolution par l'acide acétique.

Elle a été également étudiée au point de vue chimique par Hoppe-Seyler, par Herter, Cl. Bernard et d'autres.

La chaleur fait apparaître un précipité de CO^3Ca. Il n'y a que des traces d'albumine ; la mucine est beaucoup plus abondante. La diastase ferait défaut (Oehl, Bidder et Schmidt, Cl. Bernard). Laissée quelques jours à l'air, la salive perd sa viscosité et contient du sucre (Cl. Bernard). Voici les analyses de Bidder et Schmidt.

(1) Cl. Bernard. — *Leçons sur les liquides de l'organisme*, II, 1859.

(2) Obolenski. — *Iahresber. der Thierchemie*, 1877, VII, p. 113.

Désignation	Analyse I sur 25gr,23 secrétés en 1 heure	Analyse II sur 13gr,6 secrétés en 1 heure
Eau	991,45 $^o/_{oo}$	996,04 $^o/_{oo}$
Résidu sec	8,55 »	3,96 »
Matières organiques	2,89 »	1,51 »
Sels	5,66 »	2,45 »

On voit que ces deux analyses donnent des résultats assez différents. Plus tard, quand les auteurs ont obtenu la salive sous-maxillaire par des excitations nerveuses, ils ont reconnu que les salives produites par excitation de la corde du tympan ou du sympathique étaient très différentes.

D'après Heidenhain, tandis que la salive produite par excitation de la corde contient seulement 1 à 2 $^o/_o$ de résidu sec, celle qu'on produit par excitation du sympathique contient jusqu'à 6 $^o/_o$ de résidu sec.

La teneur en sels et en matières organiques varie du reste aussi pendant la même expérience, même si on excite toujours le même nerf. Voici une expérience d'Heidenhain (1). (Excitation de la corde du tympan).

Centimètres cubes recueillis	Résidu sec $^o/_{oo}$	Sels	Matières organiques
3,6	1,45	0,29	1,15
4,4	2,28	0,44	1,84
4,4	1,91	0,32	1,59
4,0	2,67	0,58	2,09
3,6	2,22	0,34	1,85
4,0	1,88	0,58	1,19
3,5	1,23	0,25	0,98

(1) Heidenhain. — *Arch. f. der ges. Physiol.*, XVII, p. 7, 1878.

Cette teneur varie aussi beaucoup avec l'intensité de l'excitation.

			Sels	Mat. org.
Excitation faible de la Corde	0,17^{cc} secrétés par min		0,20 %	0,84 %
» forte »	0,72	»	0,46 »	2,06 »
» faible »	0,17	»	0,26 »	1,67 »

Une analyse plus intéressante à notre point de vue est celle de Herter (1). Elle porte sur deux échantillons de salives provoquées l'une par le vinaigre, la seconde par un repas de viande :

Désignation	Vinaigre %00	Viande %00
Eau	994,4	991,32
Résidu sec	5,6	8,68
Matières organiques	1,75	»
Mucine	0,66	2,60
Sels solubles	3,59	5,21
Sels insolubles.	0,26	1,12
CO^2 combiné	0,44	»

On constate déjà dans cette analyse que la salive provoquée par la viande est plus riche en mucine que celle qui est provoquée par le vinaigre.

Un autre point relatif à la chimie, qui a donné lieu à de nombreuses controverses, est de savoir s'il existe dans les salives pures des sulfocyanures.

On sait que ces derniers corps ont été découverts par Treviranus en 1814 (2) dans la salive mixte humaine. Pour

(1) Herter. — *Loc. cit.* (in Hoppe-Seyler).
(2) Treviranus. — *Biologie*, t. IV, p. 330, 1814.

ce qui est de leur existence dans les salives pures, les auteurs ont montré que l'espèce animale, et la nature des glandes doivent être prises en considération. Chez l'homme, ils existeraient dans la parotide et non dans la sous-maxillaire ; ils feraient d'après les plus récentes recherches défaut chez le chien. Ellenberger et Hofmeister (1) n'ont pu les retrouver dans les salives pures du cheval.

2. Historique de la sécrétion réflexe par excitation gustative. — L'étude des réactions sécrétrices des glandes salivaires n'a été vraiment détaillée que par Pawlow.

Cependant, certains auteurs avaient déjà tenté autrefois de voir avec quelque exactitude comment se faisait cette réaction.

Le premier, Mitscherlich, sur un homme porteur d'une fistule du canal de Sténon, étudia l'effet des diverses excitations gustatives sur la parotide (1837).

Ce fut ensuite Cl. Bernard (2) qui insista sur ce fait, resté depuis classique, que la mastication agissait surtout sur la sécrétion parotidienne, la gustation sur la sécrétion sous-maxillaire. Collin (3) avait déjà étudié l'action de la mastication sur les sécrétions salivaires chez le cheval.

(1) Ellenberger et Hofmeister. — *Archiv. für Wissen und prakt. Thierheilkunde*, VII, 265.
(2) Cl. Bernard. — *Leçons de phys. expérimentale*, t. II.
(3) Collin. — *Traité de phys. comparée des animaux domestiques*, 1854, t. I, p. 470.

Enfin Schiff, chez des chiens opérés par sa méthode, et porteurs de fistules permanentes, étudia plus en détail l'influence des diverses excitations sur la sécrétion salivaire.

Depuis, ce genre d'expériences tomba un peu dans l'oubli. Les physiologistes se préoccupèrent davantage de l'étude des nerfs secrétoires, et jusqu'à Pawlow, on ne trouve guère d'exemple de recherches analogues.

Quelques-unes de ces anciennes expériences méritent vraiment d'être rappelées. Nous dirons quelques mots de celles de Collin, de Cl. Bernard et de Schiff.

Les expériences de Collin sont faites sur le cheval. Il étudie chez des animaux porteurs de fistules, l'influence des mouvements masticatoires sur les sécrétions parotidienne et sous-maxillaire.

Or, on sait que le cheval mâche ses aliments tantôt à droite, tantôt à gauche, et cela pendant un temps assez long.

Voici les résultats de Collin.

1° Parotide (Sécrétion de 15′ en 15′)

Fistule gauche, salive en grammes	Sens de la mastication
450	à droite
550	»
1 110	à gauche
1 020	»
1 000	»
370	à droite
660	»
1 000	à gauche
520	à droite

2° Sous-maxillaire

Fistule droite, salive en grammes	Sens de la mastication
31	à gauche
26	»
24	»
22	»
17	à droite
23	»
19	»
22	à gauche
31	»

L'influence de la mastication est très forte pour la parotide, beaucoup moindre pour la sous-maxillaire.

Claude Bernard remarque de son côté que les parotides sont surtout développées chez les animaux herbivores, c'est-à-dire chez ceux qui mâchent le plus leurs aliments ; qu'elles sont moins développées chez les carnassiers qui les mastiquent beaucoup moins ; il en conclut que la sécrétion parotidienne est surtout influencée par l'acte de la mastication. La sous-maxillaire qui sécrète d'une façon plus continue et réagit bien aux excitations gustatives, serait surtout influencée par ces dernières.

En plus de ces notions, Cl. Bernard expose quelques expériences qui prouvent déjà que la salivation varie en quantité suivant l'excitant employé.

Opérant sur un chien à fistule temporaire, il voit que l'acide excite beaucoup la salivation, le carbonate de soude beaucoup moins, l'eau pure ou sucrée extrêmement peu, la coloquinte abondamment. Il constate sur ce chien porteur de deux fistules, l'une sous-maxillaire, l'autre parotidienne, que tandis que la sous-maxillaire sécrète 44 centimètres cubes, la parotide n'en secrète que 23.

Chez le cheval, il note également un fait très intéressant. Si, à un cheval porteur d'une fistule permanente du canal de Sténon, et en train de faire un repas de foin, on fait ingérer de l'eau pure, la sécrétion salivaire diminue brusquement de beaucoup. Collin avait déjà constaté que la sécrétion sous-maxillaire s'arrêtait chez le bœuf, pendant la rumination.

Avec Schiff (1), on trouve déjà une expérimentation plus détaillée. L'auteur se propose d'étudier quatre points différents :

1° L'influence des excitations de la vue et de l'odorat, en un mot des impressions « morales », sur la salivation.

2° L'influence de la mastication seule, sans excitation concomitante du goût, et avec exclusion des mouvements de déglutition ;

3° L'influence des impressions gustatives seules, sans mouvements de mastication ;

4° L'influence du goût et de la mastication réunis.

Ces expériences sont faites sur des chiens porteurs de fistules permanentes analogues à celles que nous avons décrites au chapitre précédent.

A. Expériences sur la parotide

1° Les excitations morales semblent être sans effet (Voir Chapitre III).

---

(1) Schiff. — *Traité de la digestion*. Trad. Levier, 1867.

2° La mastication d'un morceau de bois augmente peu la salivation ;

3° La gustation de certaines substances provoque davantage la salivation parotidienne que la gustation de certaines autres.

Le sucre déposé en avant ou en arrière de la langue, active, à un faible degré, la sécrétion parotidienne. Le vinaigre, l'acide tartrique, le sulfate de zinc, le sulfate de magnésie, la coloquinte produisent au contraire une sécrétion abondante ;

4° Si on donne à un chien de la coloquinte et, en plus, un os à ronger, la sécrétion augmente encore davantage; la mastication et la gustation combinées semblent provoquer la réaction maxima. On peut répéter avec un os dur, l'expérience de Collin sur le cheval ; et les résultats sont comparables.

On peut déjà conclure de ces faits que la gustation a, comme la mastication, une influence importante sur la salivation parotidienne.

B. — Expériences sur la sous-maxillaire

1° Les excitations morales semblent être sans effet ;

2° La mastication seule agirait, même plus fortement que sur la parotide ;

3° Les impressions gustatives ont un effet immédiat et incontestable mais la sécrétion atteint son maximum, comme pour la parotide, quand la mastication et la gustation sont réunies.

En plus de ces recherches déjà précises, Schiff signale d'autres faits importants.

Il dit que la salive sous-maxillaire s'écoule en gouttes aqueuses après ingestion de vinaigre, en longs filaments après les irritations mécaniques de la muqueuse buccale ; il conçoit déjà que le changement d'excitation peut faire varier la sécrétion. Il entrevoit tellement l'importance de la gustation sur la digestion, qu'il fait précéder son étude de cette dernière de la physiologie des nerfs gustatifs. Mais si un progrès, dans cette voie, était déjà accompli, il fut vite oublié, et il faut arriver à Pawlow pour voir de nouveau mettre en lumière ce fait que la réponse de la glande dépend de la nature de l'excitation sensorielle.

Pawlow (1) a repris les expériences de Schiff sur des animaux opérés suivant sa méthode. Il a vu, comme Claude Bernard, que des excitations très variées de la muqueuse buccale produisaient la salivation ; mais il a vu aussi que sur la parotide tous les excitants n'obtenaient pas de la glande une réponse identique. On a, il est vrai, l'impression que tout ce qui entre dans la bouche exerce une action réflexe sur les glandes salivaires ; c'est peut-être, dit Pawlow, ce qui a contribué à faire méconnaître les variations qualitatives et quantitatives de la sécrétion salivaire suivant les substances ingérées.

Pawlow va plus loin, et émet l'hypothèse que la sécrétion est spécifique suivant l'excitant, parce que les terminaisons nerveuses périphériques sensibles du tube digestif ont une excitabilité spécifique.

(1) Pawlow. — *Le travail des glandes digestives*. Trad. Sabrazès, 1901.

Quoi qu'il en soit, voici le résumé des expériences qu'il a faites avec les docteurs Glinski (1) et Wulfson (2).

Ces expériences ont surtout porté sur la glande parotide.

Si on présente à un chien de la viande crue, il la regarde, la lèche, la mange, sans que pour cela, la sécrétion parotidienne soit abondante. Au contraire, la viande en poudre sèche provoque une sécrétion très abondante.

Le pain frais provoque beaucoup moins la salivation parotidienne que le pain sec.

L'état de siccité de l'aliment aurait donc une grande influence sur la sécrétion de la parotide (3).

Avec la sous-maxillaire, Pawlow constate que la vue de la viande, la viande, le sable, l'acide excitent la salivation ; et il ajoute : On se trouve ici en présence d'une telle excitabilité de l'appareil d'innervation qu'on pourrait le croire sensible à toutes les excitations susceptibles de se présenter, sans aucun pouvoir de sélection.

Il remarque cependant, comme l'avait déjà vu Cl. Bernard, que la salive de sable est plus fluide que la salive de viande (4).

Telles sont les expériences de Pawlow.

Nous les avons reprises en détail, en insistant sur la sécrétion sous-maxillaire.

(1) L. Glinski. — *Expériences sur le travail des glandes salivaires*, comm. par Pawlow. *Soc. méd. russe de St-Pétersbourg,* 1895.

(2) Wulfson. — *Th. St-Pétersbourg*, 1898

(3) Pawlow. — *Loc. cit.*, p, 110.

(4) Pawlow. — *Loc. cit.*, p. 245.

RECHERCHES PERSONNELLES

3. Préparation de l'animal. — On pratique chez un chien anesthésié la dissection intra-buccale de la muqueuse comprenant l'orifice du canal de Wharton ; on dissèque le canal et après une incision cutanée médiane au niveau du plancher buccal, on suture la muqueuse contenant l'orifice du canal aux lèvres de l'incision, après avoir fait passer le canal à travers les muscles sus-hyoïdiens. — Huit jours après, le chien est propre à l'expérimentation.

4. Description de l'expérience. Excitants. — Le chien est attaché debout à un appareil convenable. On recueille la salive dans un tube gradué en dixièmes de centimètres cubes, par l'intermédiaire d'un entonnoir de verre. Pawlow faisait adhérer l'entonnoir à la peau du chien avec du mastic de Mendelejeff. Nous l'avons supprimé ; car on voyait mal ainsi les sécrétions faibles d'une à deux gouttes. Il est aussi plus facile de s'apercevoir de la fin de la sécrétion et de nettoyer le pourtour de la fistule après chaque excitation.

On fait alors ingérer à l'animal des substances variées.

Parmi ces substances, on peut faire différentes classes. Les unes sont solides, les autres liquides ; les unes sont solubles dans l'eau et dans la salive, les autres insolubles ; enfin les unes sont sapides, les autres insipides.

Considérons d'abord les substances solides.

Nous avons employé plusieurs types :

1º La viande crue, un aliment ;

2° Le sucre, soluble et de goût généralement agréable au chien ;

3° Le sel marin, également soluble, et de goût désagréable ;

4° Le sulfate de magnésie, analogue ;

5° Le sulfate de quinine, peu soluble mais très amer ;

6° Le sable, insoluble et presque insipide ;

7° L'amidon en poudre et le Co^3Ca analogues.

Comme substances en solution, nous avons employé :

1° La solution d'extrait de viande ;

2° Les solutions de sels, et d'amers (coloquinte) ;

3° La solution d'acide acétique à 1 $^{0}/_{0}$;

4° L'eau distillée.

La salive étant une fois recueillie, on lit la quantité sur le tube gradué, et on dose la mucine.

Nous appelons mucine au cours de ce travail la matière que l'on obtient de la manière suivante :

On précipite par l'acide acétique glacial en excès ; on obtient des flocons qui deviennent opaques par l'agitation. On filtre sur un filtre taré, resté un quart d'heure à l'étuve à 100° ; on laisse sécher, et on finit la dessiccation à l'étuve à 100°. Le filtre à nouveau pesé donne la quantité de substance sèche dans n centimètres cubes de salive. Cette substance est surtout formée de mucine, mais avec des impuretés. Les différentes salives en contiennent des proportions très variables.

5. Résultats. Salive sous-maxillaire. *Réaction*. — La salive recueillie présente toujours une réaction alcaline au tournesol. Au bout de quelques jours elle laisse un dépôt blanchâtre. Ce dépôt contient des carbonates. Il se dissout, avec effervescence par l'adjonction de quelques gouttes d'acide chlorhydrique. Par centrifugation, on obtient également un dépôt, contenant de la mucine, des cellules épithéliales et des lymphocytes. La quantité de mucine diminue au bout de quelques jours, comme l'a vu Cl. Bernard. La salive réduit alors spontanément la liqueur de Fehling. Dans la salive récoltée immédiatement, l'acide acétique précipite la mucine et, en même temps, produit une légère effervescence. Nous n'avons jamais trouvé dans cette salive de sulfocyanures.

6. Temps d'attente. — Avec les divers excitants, le temps d'attente entre l'ingestion et la sécrétion est différent.

La salive apparaît au bout de quelques secondes pour le NaCl et le sulfate de quinine. Pour le sucre (que l'on verse sous forme de poudre dans la gueule de l'animal), la salive apparaît au bout d'une à deux minutes.

Avec le sable, il se peut qu'on n'obtienne pas de salivation ou seulement au bout de 2 minutes, si on verse le sable sur la partie antérieure de la langue et si le chien ne fait pas de mouvements de déglutition. Si au contraire on verse le sable en arrière de la bouche, la salivation se produit presque d'emblée.

Avec la viande crue, si on a la précaution de la cacher à l'animal, la sécrétion se produit au bout de 5 à 6 secondes. Elle apparaît avant l'ingestion, si le chien regarde la viande.

Il est d'ailleurs nécessaire dans ces expériences de se servir de chiens nouvellement opérés et qui ne sont pas encore habitués aux divers excitants. Il est préférable, dans tous les cas, de voiler les yeux de l'animal avant de lui faire ingérer la substance étudiée (1).

7. Quantité de salive sécrétée. — La quantité de salive sécrétée varie avec la nature de l'excitant, et aussi avec la quantité d'excitant employé. Une dose de sel double provoquera une salivation plus abondante et plus prolongée.

Avec le sel et le sulfate de quinine (du moins chez la plupart des chiens) une pincée déposée sur la langue suffit pour obtenir de 4 à 6 centimètres cubes de salive.

Avec la viande crue, qui produit une salivation peu abondante, peut être à cause du peu de temps que l'animal met à l'avaler, il faut environ 100 grammes de viande crue pour obtenir 4 centimètres cubes. Si avec la viande, on donne des os, la mastication est plus prolongée, et la quantité de salive augmentée.

Avec le sucre en poudre, il faut environ 10 centimètres cubes pour obtenir 2 centimètres cubes de salive. Avec le sable, il faut 10 ou 15 centimètres cubes pour obtenir 2 centimètres cubes de salive.

8. Quantité de mucine sécrétée, viscosité. — Ces

(1) Au bout de quelques semaines en effet, les chiens s'habituent aux expériences. A la vue d'un tube contenant une substance blanche analogue au NaCl, une sécrétion se produit, et les résultats se trouvent faussés. Cf. plus loin le chapitre 3.

salives présentent une viscosité extrêmement différente.

On peut les classer en deux catégories :

1° Les salives de sel, de sulfate de quinine, de sable sont des salives fluides, aqueuses, transparentes comme de l'eau, à peine visqueuses au toucher, présentant un louche à peine sensible par l'adjonction de cinq à six gouttes d'acide acétique.

La moyenne de nos dosages a donné pour la mucine une quantité variant de traces à 1 centigramme pour 6 centimètres cubes ;

2° Pour la viande crue au contraire, la salive est extrêmement visqueuse, épaisse, opalescente, contenant des flocons plus opaques ; ceci explique peut-être qu'elle s'écoule plus lentement que la salive de sel.

Traitée par l'acide acétique, elle donne un abondant précipité de mucine ; et si on n'en ajoute que quelques gouttes dans le tube, elle se prend complètement en gelée. La moyenne de nos dosages de mucine nous donne une quantité variant de 1 à 2 centigrammes de mucine desséchée par centimètre cube.

La salive de sucre est intermédiaire entre ces deux types : elle est fluide, mais un peu visqueuse, légèrement trouble et opalescente.

Par l'acide acétique, elle donne quelques flocons de mucine ; on obtient environ 1 centigramme de mucine sèche pour 2 à 3 centimètres cubes de salive.

Voici quelques chiffres de nos dosages de mucine :

Excitant	Mucine sèche par centimètre cube		
Viande crue	1,33	1,82	1,91
Sel marin.	0,25	0,19	0,33
Quinine	0,05	0,03	0,04
Sucre . . . . , ...	0,90	0,63	0,85

Nous pouvons remarquer que de toutes les salives, c'est celle qui est produite par les amers qui est la moins visqueuse ; celle de sel vient ensuite, puis bien plus riches, celle de sucre et celle de viande.

A titre de comparaison, nous avons dosé la mucine dans la salive sous-maxillaire produite par excitation électrique de la corde du tympan. On sait que cette salive varie suivant la force de l'excitation. Par une excitation forte (distance minima des bobines), nous avons obtenu une salive limpide, (sauf les cinq ou six premières gouttes) ; légèrement visqueuse et contenant en moyenne 0,85 centigrammes de mucine par centimètre cube. Cette salive correspond à peu près à la salive de sucre ; elle est plus riche en mucine que les salives de sel et de quinine, moins riche que celle de viande.

9. Influence de la quantité d'excitant, pour un excitant donné, sur la richesse en mucine de la sécrétion. — Si on prolonge chez un chien la salivation par des doses nouvelles du même excitant, la teneur en mucine de la salive augmente.

Il est facile de constater, même à simple vue, que la viscosité de la salive de viande s'accroît à mesure qu'on en offre davantage à l'animal. La quantité de mucine varie du simple au double et passe de 1 centigramme à 2 centigrammes de mucine sèche par centimètre cube. Pour le sel, la constatation est moins facile, cependant le même phénomène a lieu.

En voici un exemple :

Expérience du 20 juin 1903.

On donne à l'animal de 5 minutes en 5 minutes la même quantité (15 grammes) de sel marin, on recueille la salive sécrétée, et on y dose la mucine :

Sécrétion de 5' en 5' centimètres cubes recueillis	Quantité de mucine sèche en centigrammes par centimètre cube
3,5	0,48
6,0	1,13
5,3	1,1

10. Rapidité de la variation qualitative des sécrétions correspondant à des excitants différents, ingérés successivement. — L'adaptation de la sécrétion à l'excitation gustative est extrêmement rapide.

Donne-t-on d'abord de la viande, la salive est épaisse et visqueuse ; de suite après le sel fournira une salive aqueuse ; la viande ingérée à nouveau reproduira la salive visqueuse. Cette rapidité de variation est constante.

Nous l'avons observée identiquement la même sur cinq chiens différents.

11. Salive obtenue par excitation gustative avec un mélange de deux substances. — Nous avons opéré sur deux chiens (Vladi et Rask) mars 1904, nous présentions au chien d'abord un seul excitant, puis le mélange, enfin le deuxième excitant. Il faut choisir évidemment, pour observer la réaction, deux substances produisant des salives différentes ; la viande et le sel par exemple. Voici le résultat de deux expériences :

1° Vladi ;

On donne d'abord de la viande crue par petits morceaux ; elle ne produit guère à chaque morceau que 4 à 5 gouttes de salive ; on obtient 2,6 cent. cubes de salive contenant 1,2 centigramme par centimètre cube ; puis on donne au chien successivement deux morceaux de viande, abondamment saupoudrés de sel marin, qui produisent 3,1 centimètres cubes de salive contenant 0,5 centigramme de mucine. On donne enfin 10 grammes de sel qui produisent 4,6 centimètres cubes de salive contenant 0,16 centigramme de mucine par centimètre cube.

Après 5 minutes de repos, on rend de la

Viande crue qui donne $1^{cc},2$ de salive contenant $0^{cg},7$ de mucine par cent. cube.

Puis viande crue saupoudrée de quinine (à 2 reprises)	$1^{cc},1$	»	»		$0^{cg},2$	»	»
Puis quinine seule (30 centigrammes) . . .	$2^{cc},4$	»	»		$0^{cg},05$	»	»

2° Rask A :

Viande crue. On obtient $2^{cc},5$ de salive contenant $0^{cg},85$ de mucine par cent. cube.

Viande crue + sel. . .	»	$1^{cc},6$	»	»	$0^{cg},43$	+ » .	»
Sel	»	$3^{cc},1$	»	»	$0^{cg},2$	. »	»
Sucre en morcéaux.	»	$6^{cc},7$	»	»	$0^{cg},4$	»	»

B :

Viande crue	»	$2^{cc},3$	»	»	$1^{cg},1$	»	»
Viande crue + quinine	»	$1^{cc},0$	»	»	$0^{cg},3$	»	»
Quinine seule	»	$2^{cc},8$	»	»	$0^{cg},07$	»	»

On voit par ces expériences que la salive produite par un mélange de deux excitants est intermédiaire entre les salives fournies par les deux excitants pris isolément. La salive produite par la viande saupoudrée de sel contient environ autant de mucine que la salive de sucre.

12. Salive produite par les substances en solution. — Les sels en solution, ou en suspension, s'ils sont insolubles, la viande pilée dans l'eau distillée, la macération de coloquinte, l'eau sucrée, provoquent la salivation.

L'eau distillée seule ne fournit guère que quelques gouttes (de 2 à 6) de salive fluide.

Temps d'attente. — Ce temps est généralement très court, plus court qu'avec les substances solides. Avec les solutions de sels, la salivation est presque instantanée.

Caractères de la salive. — Un fait qui frappe de suite l'expérimentateur, c'est que la salive provoquée par les solutions des divers excitants, est de tous points semblable à la salive produite par la substance dissoute.

La salive d'extrait aqueux de viande est visqueuse et riche en mucine; l'eau salée, la coloquinte fournissent des salives aqueuses; l'eau sucrée une salive intermédiaire.

L'acide acétique à 1 $^{0}/_{0}$ provoque une sécrétion analogue à la coloquinte et à la quinine.

Il semble résulter de ces faits que c'est surtout la substance ingérée par elle-même qui influe sur la composition chimique et sur la quantité de mucine de la salive sous-maxillaire.

Nous nous sommes demandé alors si la concentration de la solution avait une influence sur la quantité de salive sécrétée.

Dans ce but, nous avons entrepris des expériences avec des substances variées, en solutions diversement concentrées.

Nous avons opéré sur un chien porteur de deux fistules, l'une sous-maxillaire, l'autre parotidienne (Tom); de cette façon, on peut plus facilement comparer les deux glandes au point de vue qui nous occupe, et en même temps étudier l'action de la gustation sur la sécrétion parotidienne.

Disons d'abord quelques mots de la sécrétion parotidienne (1).

13. Préparation de l'animal. — La préparation diffère un peu de celle de la fistule sous-maxillaire.

On fait une incision oblique au niveau de la joue, et, en ayant soin d'éviter les rameaux du facial, on découvre le canal de Sténon. On le dissèque jusqu'au point où il traverse les plans profonds pour s'ouvrir en face dé la mâchelière. Alors, avec les ciseaux on sectionne tous ces plans, en formant un carré d'un demi centimètre de côté qui cir-

(1) Cette sécrétion à été étudiée comparativement chez Tom, Carton et Kitch.

conscrit l'orifice. On suture immédiatement la brèche ainsi formée. On risque beaucoup moins ainsi d'infecter la plaie.

Pour avoir une fistule plus commode, nous faisons une nouvelle incision cutanée d'un centimètre et demi dans un point déclive et nous suturons la muqueuse aux lèvres de cette incision. On ferme ensuite la première.

14. Salive parotidienne recueillie par fistule permanente. *Caractères.* — C'est une salive très aqueuse, à peine visqueuse au toucher.

Elle laisse un dépôt beaucoup plus abondant que la salive sous-maxillaire.

Ce dépôt est formé de sels de chaux, de carbonates en grande quantité, de cellules épithéliales et de quelques leucocytes.

Par l'acide acétique, on n'obtient aucun précipité de mucine; en revanche, on a une effervescence beaucoup plus abondante qu'avec la salive sous-maxillaire.

La réaction est très nettement alcaline. — Jamais nous n'avons constaté la présence des sulfocyanures.

Cette salive donne les réactions des substances albuminoïdes, et contient une albumine coagulable par la chaleur.

Sécrétion parotidienne par gustation. — Il est exceptionnel d'obtenir avec la parotide une salivation aussi abondante qu'avec la sous-maxillaire.

Le sel marin est certainement la substance qui nous a paru donner une des plus fortes sécrétions. Sur plus de quinze expériences, prolongées 5 à 10 minutes, le sel ma-

rin, à l'état cristallisé, a fourni, à quelques dixièmes de centimètre cube près, la même quantité de salive parotidienne et de salive sous-maxillaire.

Au bout de quinze minutes, la sécrétion parotidienne
devient inférieure à la sécrétion sous-maxillaire de quelques centimètres cubes.

Dans une expérience, au bout de 15′, en donnant 15
grammes de sel toutes les cinq minutes, nous avons re-
cueilli 14^{cmc},8 de salive sous-maxillaire et seulement 11^{cmc},3
de salive parotidienne.

Avec la viande crue, la salivation est toujours très faible,
moitié moindre au moins que celle de la sous-maxillaire.

On n'observe pas de différence nette entre les salives de
viande et de sel comme pour la sous-maxillaire ; on n'a
pas non plus là le point de repère de la mucine, et il est
difficile de doser l'albumine qui est en quantité très petite.

Le sucre fournit une salivation abondante et claire. La
sécrétion est même plus abondante qu'avec la glande
sous-maxillaire.

La quinine, au contraire, excite relativement peu la sécrétion parotidienne.

**15. Salivation comparée des deux glandes avec
des substances diverses en solutions différemment
concentrées.** — Ces expériences ont été faites sur Tom,
opéré en novembre 1902 d'une double fistule sous-maxillaire et parotidienne du même côté gauche.

Expérience I. — *Sécrétion* de 3′ en 3′ avec 2′ de repos.

Solutions diversement concentrées de sel marin

Excitants	Parotide	Sous-maxillaire
Eau distillée	3 gouttes	6 gouttes
Eau à peine salée au goût.	2 gouttes	5 gouttes
Eau $^1/_4$ saturée NaCl	$0^{cc},55$	$0^{cc},9$
Eau $^1/_2$ saturée NaCl	$0^{cc},9$	$1^{cc},0$
Eau saturée NaCl	$2^{cc},8$	$2^{cc},8$
NaCl déliquescent	$1^{cc},5$	$1^{cc},4$
NaCl sec	$4^{cc},6$	$4^{cc},8$

EXPÉRIENCE II. (11 Mai 1903). — Sel et substances diverses.

Sécrétion de 3' en 3' avec 2' de repos

Excitants	Parotide	Sous-maxillaire
Solution de sel marin $^1/_8$ saturée . .	2 gouttes	8 gouttes
Solution $^1/_4$ saturée NaCl	$0^{cc},2$	$0^{cc},55$
Solution saturée à froid NaCl. . . ,	$1^{cc},1$	$1^{cc},2$
Sel sec	$2^{cc},7$	$3^{cc},0$
Sulfate de quinine sec (une pincée sur la langue)	$0^{cc},45$	$0^{cc},9$
Solution concentrée de coloquinte . .	$1^{cc},0$	$1^{cc},55$
Viande crue	$0^{cc},5$	$1^{cc},6$
Acide acétique (salivation olfactive) .	$0^{cc},5$	$1^{cc},5$

EXPÉRIENCE III (28 Mai 1903). — Quinine en suspension dans l'eau.

Sécrétion de 3' en 3' avec 2' de repos

Excitants	Parotide	Sous-maxillaire
Eau distillée	3 gouttes	6 gouttes
Eau avec une trace de quinine en sus-pension.	$0^{cc},2$	$0^{cc},3$
Solution { Eau 30^{cc}. . / Quinine 1^{gr}. } 4^{cc} . . .	$0^{cc},3$	$0^{cc},3$
Solution { Eau 30^{cc}. . / Quinine 2^{gr}. } 4^{cc} . . .	$0^{cc},5$	$0^{cc},6$
Quinine pâteuse.	$0^{cc},7$	$0^{cc},6$
Quinine sèche (une pincée sur la langue) (1).	$0^{cc},35$	$0^{cc},7$

EXPÉRIENCE IV (28 Mai 1903). — (2 heures après la précédente).

Solutions sucrées (Saccharose)

Excitants	Parotide	Sous-maxillaire
Eau distillée	**3** gouttes	5 gouttes
Eau à peine sucrée	$0^{cc},45$	$0^{cc},45$
Eau $^1/_4$ saturée saccharose . . .	$0^{cc},5$	$0^{cc},45$
Sucre en solution saturée. . . .	$0^{cc},5$	$0^{cc},45$
Sucre déliquescent	$0^{cc},65$	$0^{cc},45$
Sucre sec ($^1/_2$ tube à essai). , . . .	$1^{cc},45$	$0^{cc},85$

(1) Si 5' après cette expérience, on donne au chien 10 grammes d'eau distillée ; on obtient

S. M.	Par.
0,5	0,3

ce qui paraît contradictoire ; mais l'eau distillée a rencontré dans la gueule de l'animal de la quinine, et le goût amer a provoqué à nouveau la salivation.

Dans cette expérience, l'état de siccité semble avoir une grande influence sur la sécrétion parotidienne ; mais comparons avec l'expérience V.

EXPÉRIENCE V (8 Juin 1903). — Conditions analogues. Acétate de soude et CO^3Ca.

L'acétate de soude et le CO^3Ca sont des sels peu sapides, mais le premier est très soluble, le second presque insoluble.

Excitants	Parotide	Sous-maxillaire
Acétate de soude (solution très faible) .	3 gouttes	4 gouttes
Solution saturée d'acétate.	$1^{cc},0$	$1^{cc},1$
Acétate déliquescent	$0^{cc},5$	$0^{cc},6$
Acétate sec	$2^{cc},9$	$3^{cc},8$
CO^3Ca en suspension . . . . , .	2 gouttes	3 gouttes
CO^3Ca pâteux.	$0^{cc},3$	$0^{cc},4$
CO^3Ca sec (un tube à essai entier) . .	$0^{cc},6$	$0^{cc},8$

Peut-on tirer de ces expériences quelques renseignements ?

Tout d'abord, l'eau distillée provoque la salivation, elle est toujours extrêmement faible et s'arrête au bout d'une à deux minutes.

Les solutions salines très peu concentrées agissent de la même façon que l'eau pure.

A mesure que la concentration augmente, la sécrétion augmente aussi, si la substance est sapide ; sinon l'augmentation est à peine sensible.

Une petite quantité de sel déliquescent provoque souvent une salivation moins abondante qu'une quantité
égale de sel en solution concentrée.

Le sel en état de siccité aussi complète que possible
fournit presque toujours plus de salive qu'un sel déliquescent.

Les substances peu sapides fournissent une salivation
très peu abondante, surtout si elles sont insolubles dans
l'eau.

En somme, trois faits seulement semblent augmenter
la sécrétion, et aussi bien la sécrétion sous-maxillaire que
la sécrétion parotidienne.

1.° La concentration de la solution. Il est à remarquer
que le degré de concentration a surtout une influence
pour les substances sapides; et que d'autre part la concentration de la solution augmente la quantité de substance sapide. Il est donc vraisemblable que cette influence
de la concentration est plutôt une influence de la saveur
même de la substance.

Pour ce qui est même de l'état de siccité complète de
l'aliment qui a, d'après Pawlow, une si grande influence
sur la sécrétion parotidienne, on voit qu'il est loin d'agir
seul; à doses égales, le carbonate de chaux sec fournit
environ 5 fois moins de salive que le sucre en poudre.
C'est alors qu'interviendrait un autre facteur :

2° La solubilité de la substance dans l'eau et dans la
salive; mais une pincée de CO_3Ca sur la langue produit à
peine 2 à 3 gouttes de salive; une pincée de quinine produit pour la parotide un demi-centimètre cube de salive
environ.

Il est donc certain que ce qui intervient surtout, c'est le troisième facteur :

3° la saveur spéciale de l'aliment.

C'est le goût même de la substance qui provoque surtout la salivation ; à côté de lui, on doit placer d'autres conditions qui agissent, en particulier s'il est question de corps à peu près, sinon totalement, insipides :

L'état de siccité de l'aliment, les mouvements masticatoires provoqués par des sensations tactiles, le volume du corps ingéré.

Tous ces points doivent assurément être pris en considération, mais il n'en est pas moins certain que c'est la saveur de la substance ingérée qui a le rôle prépondérant, et aussi bien sur la sécrétion de la parotide que sur celle de la sous-maxillaire.

CONCLUSIONS

—

1° La sécrétion sous-maxillaire et la sécrétion parotidienne provoquées par excitation gustative, varient avec la substance ingérée.

2° Cette variation est quantitative et qualitative (la variation qualitative est surtout appréciable avec la sousmaxillaire).

3° La quantité de salive sécrétée dépend surtout de la saveur spéciale de la substance ingérée ; elle dépend aussi d'autres facteurs et en particulier de la dose, de l'état de siccité ou de dissolution, de la solubilité dans la salive de cette substance. Ce fait s'applique également à la parotide et à la sous-maxillaire.

4° Au point de vue qualitatif, il faut signaler que la proportion de mucine est élevée dans la salive sous-maxillaire produite par la viande, un peu moins dans celle de sucre. Elle est plus faible avec les sels, les acides, les amers et les substances relativement insipides.

5° Si on excite un chien pendant un temps assez long avec la même substance, la proportion de mucine augmente, avec le temps, dans la salive sécrétée.

6° Un mélange de deux substances provoquant deux sécrétions différentes, produit une salive intermédiaire à celles que produit chaque substance isolément.

7° Si on fait varier rapidement les divers excitants, les variations qualitatives de la salive sécrétée sont extrêmement rapides ; et toujours, au même excitant correspond la même salive.

8° Pour une substance donnée, le temps d'attente entre l'ingestion et la sécrétion est toujours le même ; ce temps d'attente varie avec la substance étudiée.

9° Pour une même substance (à la même dose), la sécrétion sous-maxillaire et la sécrétion parotidienne sont le plus souvent différentes au point de vue de la quantité. La quantité de salive parotidienne est généralement inférieure à la quantité de salive sous-maxillaire (pour les mêmes conditions d'expérience). C'est ce qui arrive dans le cas des acides, des amers, de certains sels. Elle peut lui être égale (cas du sel marin), ou même supérieure (cas du sucre en poudre).

10° Les sulfocyanures paraissent faire défaut dans les salives pures du chien.

En dehors des points particuliers, un fait général domine cette étude, c'est que la sécrétion des glandes salivaires est spécifique suivant l'excitant.

Nous verrons plus loin à tenter d'expliquer le pourquoi de cette spécificité.

CHAPITRE II

—

*Activité de la salive sous-maxillaire pure en rapport
avec la nature de l'excitant*

17. **Historique**. — L'activité amylolytique de la salive
mixte des différents animaux n'est niée par personne;
mais cette salive est un mélange des sécrétions des glandes
parotides, sous-maxillaires, sublinguales, des glandes mo-
laires et labiales. Ce mélange alcalin est très propre au
développement des micro-organismes, qui existent en
grand nombre dans la bouche.

Ces micro-organismes produisent des ferments variés
et en particulier de l'amylase. La salive mixte est donc un
produit très impur et on ne sait à quoi attribuer l'action
amylolytique de ce mélange.

Il est prouvé néanmoins que certaines salives mixtes
sont plus actives que les autres. C'est la salive des herbivores qui jouit au plus haut degré du pouvoir sacchari-
fiant; celles du bœuf et du cobaye par exemple. La salive
humaine mixte est également active. La salive des carnassiers, du chat, du chien, est très peu active sur
l'amidon.

Depuis la découverte du ferment par Mialhe (1), qui l'a isolé le premier en le précipitant par l'alcool, de très nombreux travaux ont été faits sur cette question. Les auteurs ont recherché le ferment dans les sécrétions pures des glandes isolées, recueillies par fistules extemporanées.

Les résultats ont été différents également suivant les espèces animales.

Pour la parotide, la salive humaine est active ; celles du chien et du chat sont inactives. Il en est de même pour le cheval. Au contraire les salives du phoque et du lapin sont très actives.

Pour la sous-maxillaire, on constate les mêmes phénomènes, sauf que, d'après Schiff, la salive sous-maxillaire du lapin serait inactive.

D'une manière générale, Astaschewky (2) classe les salives pures par ordre décroissant d'activité dans l'ordre suivant : Rat — Lapin — Chat — Chien — Brebis — Chèvre.

Pour ce qui est du chien, Roux d'abord puis Cl. Bernard ont montré que les salives pures renfermaient seulement des traces de ferment.

Depuis, plusieurs expérimentateurs ont retrouvé le même fait et cette opinion est actuellement admise comme exacte.

Nous avons repris cette étude, en nous servant des salives pures recueillies par fistules permanentes ; et nous avons comparé au point de vue de l'activité amylolytique

---

(1) *C. R. Ac. Sc.* XX t. 1 p. 254.
(2) *Ebenda* p. 256, cité par Maly (Herm. Handbuch t. V).

les salives différentes, correspondant à des excitants différents.

18. Recherches personnelles. — *Méthode de dosage.* — Au début nous avons tenté d'employer des fragments de tubes de verre contenant de l'empois d'amidon coloré par une trace d'iode, suivant la méthode préconisée par Pawlow, mais nous avons vite reconnu que, si cette méthode pouvait donner des résultats avec le pancréas, la salive était trop peu active pour qu'on puisse faire des mesures exactes dans un temps assez court. Nous avons fait alors emploi de la liqueur de Violette ferrocyanurée, après avoir précipité les albumines par l'acétate de fer.

10 centimètres cubes d'une solution d'amidon à 8 grammes par litre (à un titre assez faible pour être encore liquide après refroidissement), étaient additionnés de 10 centimètres cubes d'une solution de fluorure de sodium à 3 $^o/_{oo}$ légèrement acide, on ajoutait à ce mélange 1 centimètre cube de la salive étudiée et on laissait à l'étuve à 38° pendant 5 heures. Deux tubes témoins contenaient l'un la solution d'amidon, plus 10 centimètres cubes de la solution de fluorure, 1 centimètre cube d'eau distillée ; le second contenait 1 centimètre cube de salive portée à la température de l'eau bouillante dans un bain-marie pendant 10 minutes.

Pour faire les dosages de sucre, on arrêtait l'action diastasique en plongeant tous les tubes y compris les tubes témoins dans de l'eau bouillante pendant 5 minutes. Puis on précipitait la mucine et les albuminoïdes par l'addition d'acétate de soude à saturation et de 3 à 4 gouttes de perchlorure de fer exactement neutralisé ; le filtrat plus les eaux de lavage du précipité étaient amenés à 40 centimètres cubes et c'est dans cette liqueur que l'on dosait le sucre par la liqueur de Violette ferrocyanurée. Toutes ces manipulations étaient faites parallèlement sur tous les tubes ; la différence avec les tubes témoins donnait la valeur relative de l'activité diastasique de la salive étudiée.

13. Résultats. — 1° *La salive sous-maxillaire est toujours très peu active.* — Dans les cas d'activité maxima, nous avons trouvé, au bout de 5 heures, 6 à 7 milligrammes de sucre (exprimé en glucose) dans la totalité de la liqueur indiquée ci-dessus. A titre de comparaison, indiquons que 1 centimètre cube de lymphe de chien recueillie par fistule thoracique après injection de peptone a donné dans les mêmes conditions 29 milligrammes de sucre ; 1 centimètre cube de purée de leucocytes obtenus au bout de 24 heures par injection intrapleurale de gélatine et mis en expérience 10 minutes après leur récolte aseptique, 22 milligrammes ; enfin 1 centimètre cube d'une macération d'un pancréas pendant 1 heure et demie dans 150 centimètres cubes d'eau distillée, 40 milligrammes.

2° *L'activité diastasique de la salive varie avec la nature de l'excitant.*

La viande crue donne une salive dont l'activité varie de 1,7 milligramme à 7,5 milligrammes ; voici les chiffres obtenus dans huit expériences différentes.

$$2,1 - 1,9 - 2,9 - 6,1 - 1,8 - 1,7 - 6,2 - 7,5.$$

La salive psychique provoquée par la viande a en moyenne la même activité :

$$5,3 - 6,4 - 3,5 - 5,5 - 5,3 - 7,6.$$

Le sel, le sulfate de quinine, l'acide acétique et le sable donnent une salive dont l'activité diastasique est extrêmement faible. Voici les résultats numériques :

NaCl. . . . . 0,2 — 0,2 — 0,1 — 0,1 — 0,4
Sulfate de quinine . . 0,6 — 0,9 — 0,6 — 0,5
Acide acétique. . . . 0,5 — 0,5 — 0,5
Sable . . . . . . 0,3 — 0,8 — 0,6
Amidon. . . . . . 0,2 — 0,1

Le sucre donne lieu à une sécrétion dont l'activité es^t intermédiaire ; voici les valeurs numériques :

$$1,1 — 0,8 — 1,2 — 0,7.$$

Salive psychique provoquée par le sucre :

$$3,2 — 3,6 — 3,2.$$

Si on compare les activités diastasiques de ces différentes salives avec leur teneur en mucine, on voit qu'il y a un parallélisme complet.

3° L'adaptation de la sécrétion de la salive à la nature de l'excitant se fait très rapidement : si l'on donne d'abord par exemple de la viande, on aura une salive visqueuse et active ; immédiatement après, par la quinine, on provoque une salive liquide et peu active ; en redonnant de la viande on obtient de nouveau une salive visqueuse et active. Voici trois expériences à l'appui :

Expérience I. Durée de l'expérience. — 10 heures et demie, 7 Décembre 1901.

	On obtient	Activité
On donne du sucre.	2 cc. de salive	4,6
Puis on montre de la viande crue.	2 cc. »	7,6
Puis on met du SO⁴Mg. . . .	5 cc. »	0,8

Expérience II. 13 février 1902. — Durée 6 heures.

	On obtient	Activité
Salive psychique de viande crue.	2 cc. de salive	7,5
Sulfate de quinine	2 cc. »	3,2
Viande crue	1 cc. »	3,7
Viande crue (Suite)	1 cc. »	6,1

Expérience III. 20 février 1902. — Durée 6 heures et demie.

Chien n° 1

	On obtient	Activité
Salive par NaCl	5 cc. de salive	1,0
Viande crue (Suite)	2 cc. »	1,3

Chien n° 2

	On obtient	Activité
Salive par viande crue. . . .	3 cc. »	3,4
NaCl	5 cc. »	1,4

4° *Activité de la salive produite par injection de pilocarpine.* — Nous montrerons plus loin (1) que cette salive, très peu active au début de la sécrétion quand la salive est très aqueuse, augmente d'activité à mesure que la richesse en mucine augmente. Plus tard, quoique la mucine reste à un taux assez élevé, l'activité diminue péut-être un peu plus vite, mais reste toujours plus forte qu'au début.

En résumé, nous avons toujours trouvé des salives peu actives, les salives riches en mucine sont plus actives que les salives aqueuses. Nous n'avons jamais trouvé de

(1) Cf. Chapitre V.

salive totalement inactive, sauf dans deux cas au début dans deux expériences avec la pilocarpine. La salive obtenue par excitation électrique forte de la corde du tympan, a une activité extrêmement faible, 0,4 milligrammes dans deux expériences. Sa richesse en mucine était dans ces deux cas de 0,75 centigrammes et 0,85 centigrammes par centimètre cube.

Sans qu'on puisse rien préjuger de son origine, l'activité de cette salive est due à un ferment : la salive bouillie n'est plus active ; l'activité est empêchée par certaines substances ; elle est exaltée par d'autres substances.

20. — L'exaltation du pouvoir amylolytique de la salive a été étudiée sur des salives mixtes par Pozerski dans sa thèse. Nous avons songé à étudier sur des salives pures cette activation. Nos expériences sont trop peu nombreuses pour en tirer des conclusions fermes, mais nous en donnons néanmoins les résultats qui pourront être comparés à des expériences ultérieures.

Expérience I. (29 janvier 1902). — Médor sécrète avec de la viande crue 6 centimètres cubes de salive visqueuse. D'autre part on se procure au bout de 24 heures le liquide pleural riche en leucocytes, obtenu par injection intrapleurale de gélatine chez un chien. On le recueille aseptiquement et il est mis en expérience 10 minutes après la récolte.

On prépare les 7 tubes suivants :

		Eau fluorée
I. Salive	1^{cc} + Amidon 10^{cc} + 2^{cc} eau distillée	+ 8^{cc}
II. Salive	1^{cc} + » + 2^{cc} leucocytes	+ 8^{cc}
III. Eau distillée	1^{cc} + » + 2^{cc} leucocytes bouillis	+ 8^{cc}
IV. Salive	1^{cc} + » + 2^{cc} leucocytes bouillis	+ 8^{cc}
V. Eau distillée	1^{cc} + » + 2^{cc} leucocytes	+ 8^{cc}
VI. Salive bouillie	1^{cc} + » + 2^{cc} eau distillée	+ 8^{cc}
VII. Eau distillée	1^{cc} + » + 2^{cc} eau distillée	+ 8^{cc}

On les met à l'étuve pendant 7 heures et demie.

Au bout de ce temps, on les traite comme dans les expériences précédentes et on dose le sucre.

On trouve en milligrammes de glucose dans la liqueur :

Tubes	Mg. de glucose	Différence avec les témoins Milligrammes
I	9,7	3,3
II	55,0	48,6
III	6,6	0,2
IV	19,4	13,0
V	50,3	43,9
VI	6,3	0
VII	6,4	0

On voit par cette expérience que l'activité de la salive est accrue par l'adjonction de leucocytes et même de leucocytes bouillis. Ces faits sont comparables à ceux qui ont été publiés récemment pour le suc pancréatique.

Expérience II. (24 février 1902). — Médor sécrète par NaCl, 6 centimètres cubes de salive fluide, et par la viande crue 3 centimètres cubes de salive épaisse.

Comme accélérateur de la réaction nous employons de la lymphe recueillie par fistule du canal thoracique après injection de peptone.

Durée de l'expérience 6 h. 15.

Résultats :

Première série

Désignation	Activité	Activation
Salive de sel 1^{cc}.	0^{mg},4	0
Lymphe seule 2^{cc}.	59,3	0
Lymphe 2^{cc} + 1^{cc} salive	70,1	10,4
Lymphe bouillie + 1^{cc} salive.	8,6	5,8
Lymphe bouillie seule.	2,4	0

Deuxième série

Désignation	Activité	Activation
Salive de viande 1^{cc}.	3,4	0
Salive 1^{cc} + lymphe bouillie 2^{cc} . . .	7,9	2,1

Là encore la lymphe bouillie ou non semble accélérer la digestion de l'amidon (1).

21. Activité de la salive parotidienne. — Comme la salive sous-maxillaire, la salive parotidienne est très peu active sur l'amidon. Nous avons fait avec elle des expériences beaucoup moins nombreuses. L'activité a toujours varié entre 0,2 et 1,5 au maximum. Nous n'avons pas observé de variations avec les différents excitants.

. (1) Ces faits sont analogues à ceux qui ont été signalés pour le pancréas par Larguier des Bancels (*Biologie*, 7 juin 1902).

CONCLUSIONS

—

22. — 1° Les salives pures, recueillies par fistule permanente sont toujours très peu actives ;

2° Il existe néanmoins quelques variations de cette activité. Ces variations sont surtout sensibles avec la sous-maxillaire ;

3° Les salives riches en mucine sont les plus actives ;

4° Les variations d'activité correspondant aux salives différentes provoquées par des excitants différents, se font très vite quand on emploie ces excitants les uns après les autres ;

5° Différentes substances nous ont paru renforcer le pouvoir amylolytique faible des salives pures.

Tableaux des expériences d'activité (Mois de janvier et février 1902)

Dates	Noms	Désignation	Centimètres cubes	Activité
3 Janvier 1902	Fritz	Psychique par viande crue	1	5,3
		Quinine après	1	2,2
6 Janvier	Fritz	Sucre en poudre	2	1,2
	Médor	»	2	0,8
7 Janvier	Fritz	NaCl	3	0,2
	Médor	»	3,6	0,1
8 Janvier	Médor	Viande crue	2,5	3,4
	Fritz	»	1,5	4,0
20 Janvier	Médor	NaCl	2	0,2
	Fritz	Viande crue	1,75	3,8
22 Janvier	Médor	»	6	1,7
27 Janvier	Médor	Acide acétique à 1 %	2	0,5
	Fritz	»	2	0,5
28 Janvier	Médor	Sulfate de quinine	4	0,6
	Fritz	»	4,5	0,9
3 Février	Médor	Viande cuite et os	7	4,1
	Fritz	»	7	0,9
13 Février	Fritz	Viande crue	6	7,5
	Médor	Quinine	3	3,2
		après avoir vu manger Fritz		
	Médor	Viande crue après	2	6,1
24 Février	Médor	NaCl	6	0,4
	Fritz	Amidon	2	0,1
27 Février	Médor	Psychique par viande crue	3	3,4
	Médor	Sel après	5	1,5
	Fritz	NaCl	5	1,0
	Fritz	Viande après	2	1,8
13 Mars	Fritz	Viande	2	2,2
	Fritz	Sel 1 après	2	1,3
	Fritz	Sel 2 après	2	0,9

CHAPITRE III

—

La sécrétion psychique. Sécrétion réflexe provoquée par l'excitation des nerfs sensoriels autres que les nerfs du goût.

23. Historique. — C'est un fait connu depuis les temps les plus anciens que l'action des centres supérieurs sur la salivation.

Le souvenir d'un aliment ou d'une substance désagréable provoque la salivation. La vue du même aliment ou de la même substance provoque également la salivation.

Ce fait, constant chez les espèces animales à cerveau développé, est particulièrement net chez le chien et surtout chez certains chiens. On voit certaines espèces, les bouledogues, en particulier, sécréter abondamment à la vue d'un morceau de viande. La salive s'écoule visqueuse des deux côtés de la gueule.

A côté de ces sécrétions psychiques provoquées ; il y a des phénomènes d'inhibition sécrétoire provoqués en particulier par les émotions vives, la peur, l'effroi.

Mais, si ces faits sont connus depuis longtemps, on n'avait jamais avant Schiff essayé de détailler leur étude.

Schiff a expérimenté sur des animaux porteurs de fistules permanentes opérés suivant sa technique.

Il montre un os aux animaux à jeun depuis la veille ; et ne constate d'écoulement salivaire ni par le canal de Wharton, ni par celui de Sténon.

Ce résultat paraît étrange au premier abord ; étant donné que chez un animal sans fistule, la vue d'un os provoque la salivation.

Pawlow (1) reprit cette étude ; et il constata d'abord la fausseté des résultats de Schiff :

La vue de la viande produit la salivation sous-maxillaire et parotidienne.

Il insiste ensuite sur un fait nouveau :

Les variations de la sécrétion qu'on observe sous l'influence de l'introduction directe d'excitants dans la cavité buccale, se reproduisent quand on attire simplement l'attention de l'animal sur les agents ordinaires d'excitation.

La vue du sable provoquerait une salive sous-maxillaire fluide, la vue de la viande une salive plus épaisse.

La vue du pain sec provoquerait une salivation abondante parotidienne, la viande crue une sécrétion moins abondante.

Nous avons repris ces expériences en détail ; mais avant d'exposer nos résultats, nous tenons à rappeler que les glandes salivaires ne sont pas les seules à réagir aux excitations psychiques. Pawlow a démontré la réalité du suc gastrique d'appétit, et fait voir que ce suc était très riche en pepsine.

(1) Pawlow. — *Loc. cit.*, p. 245-246.

La sécrétion pancréatique et la sécrétion biliaire semblent ne pas réagir aux excitations cérébrales ; mais le foie et le pancréas sont déjà plus loin de l'entrée du tube digestif.

Enfin, il suffit de nommer les glandes lacrymales, pour qu'on se représente immédiatement une sécrétion influencée par l'état psychique de l'individu.

RECHERCHES PERSONNELLES

24. Les rôles de la salive. — La lecture des travaux des physiologistes nous montre que les rôles de la salive sont multiples et variés : favoriser la gustation, dissoudre et lubréfier les bols alimentaires, modifier l'amidon, servir à l'élimination de diverses substances (plomb, iodure de potassium, virus de la rage). Chez certaines espèces, le rôle des glandes salivaires se complique encore. On sait qu'elles constituent les glandes à venin des serpents.

Mais personne, avant Pawlow, ne semble avoir attiré l'attention sur un point :

Parmi les substances qui entrent dans la bouche, il y a deux catégories : Les substances alimentaires dont la saveur plaît à l'animal, comme le pain, la viande, le sucre ; et, d'autre part, les substances comme les sels, les amers, les acides, et les corps insipides qui produisent à la gustation une sensation désagréable ou nulle.

Il est évident que la salivation produite dans les deux cas n'a pas tout à fait le même but. Dans le premier, elle sert à favoriser la gustation agréable de la substance et à faciliter la déglutition ; dans le second à dissoudre la substance désagréable et à essayer d'en débarrasser l'animal.

On sait d'ailleurs combien facilement se produisent le vomissement ou la nausée quand l'impression gustative est mauvaise.

Or, il est certain que les substances du premier groupe, laissent à l'animal un meilleur souvenir que celles du second groupe, et à l'avenir s'il voit et reconnaît les substances qu'il a déjà goûtées, et s'il salive d'avance, il est à prévoir que les salives provoquées par ces deux groupes de substances auront encore un but différent. Aux substances alimentaires correspondra une salivation d' « *appétit* », aux substances de saveur désagréable, une salivation de dégoût, de dissolution et de débarras ; si l'on préfère une salivation « *de défense* ».

25. Les sécrétions psychiques. — Quand une impression gustative se produit pour la première fois, le cerveau est déjà en jeu. La perception du goût de la substance employée est déjà un acte psychique. La réponse glandulaire est peut-être déjà sous la dépendance de cet acte psychique.

Mais l'intervention cérébrale est certainement plus importante si la salivation se produit à la seule vue de l'aliment. Il n'y a plus seulement une perception, il y a intervention de la mémoire, de l'association des idées, du jugement. C'est cette sécrétion que Pawlow a appelée sécrétion psychique.

Pour éviter toute confusion, nous proposons d'appeler la première sécrétion : « *sécrétion par perception gustative* », et la seconde : « *sécrétion psychique par représentation d'images* ».

Ces premières considérations posées, entrons un peu dans l'étude des faits.

26. Salivation par perception gustative. — Déjà au chapitre premier nous avons vu que la salive sous-maxil-laire la plus visqueuse s'obtenait avec la viande. Le sucre provoque également une salivation relativement visqueuse. Ces deux substances sont toutes deux des aliments. D'autre part les substances qui provoquent une salivation sous-maxillaire aqueuse sont toutes ou insipides ou de goût désagréable.

Ces faits seraient-ils plus généraux, et les aliments de goût agréable au chien provoqueraient-ils tous une salivation sous-maxillaire visqueuse ? En un mot, est-ce l'aliment, en temps qu'aliment, qui provoque cette sécrétion ?

Pour répondre à cette question nous avons fait quelques expériences dont voici les résultats :

1° Chez tous les chiens, la viande, la graisse provoquent une salive sous-maxillaire visqueuse ; tous se montrent d'ailleurs friands de ces substances.

2° Chez différents chiens nous avons étudié la salive provoquée par le pain et les pommes de terre cuites à l'eau.

Certains chiens ont une salivation visqueuse avec le pain : ce sont surtout les chiens voraces ; d'autres ont une saliva-tion plus fluide ; mais le pain les laisse très indifférents, à moins qu'ils ne soient à jeun. Dans aucun cas, cette salivation n'est aussi fluide qu'avec le sel ou les amers. Pour les pommes de terre, les résultats sont les mêmes.

Peut-être les goûts personnels de l'animal interviennent-ils dans une certaine mesure? Le fait suivant le prouve.

Nous avons eu un chien qui n'aimait pas le sucre. Si on le forçait à en manger, la salive sous-maxillaire s'écoulait bien, mais elle était aussi fluide que si l'animal mangeait du sel (1).

La sécrétion par perception gustative semble donc dépendre des goûts de l'individu ; et c'est probablement le goût agréable du sucre qui, chez les chiens qui aiment cette substance, produit la sécrétion visqueuse.

3° Nous n'avons pu trouver aucune substance désagréable qui produise une sécrétion riche en mucine.

Tous ces faits confirment notre hypothèse ; mais, étudions, avant de conclure, la sécrétion psychique par « représentation d'images » et la sécrétion par « perception olfactive ».

27. Sécrétion par représentation d'images. — Si on fait voir de loin à un chien un morceau de viande, il salive aussitôt ; cette salive est abondante, visqueuse (du moins celle de la sous-maxillaire), un peu plus riche en

---

(1) Ce même chien était, aussi, peu sensible aux amers. La sécrétion provoquée par la quinine était beaucoup moins abondante chez lui que chez tous les autres chiens sur lesquels nous avons expérimenté. On voit la nécessité de répéter les mêmes expériences sur des animaux différents.

mucine même, que la salive produite par ingestion de viande. Un morceau de sucre produira un effet analogue sur la plupart des chiens. La salive sera un peu moins visqueuse que celle de viande, analogue à la salive produite par ingestion de sucre. La mucine est peut-être un peu plus abondante que si on fait manger le sucre à l'animal. Voici quelques chiffres se rapportant à la viande et au sucre :

Excitants	Salive sous-maxillaire	Mucine en cg. par cent. cube
	Psychique	Gustative
Viande crue	$1^{cg},91$	$1^{cg},33$
Sucre , ...	$0^{cg},90$	$0^{cg},63$

Si le chien est opéré depuis peu, et n'a pas encore l'habitude des expériences, la vue d'un tube de sel ou de quinine ne produit aucune salivation ; mais, si on expérimente déjà depuis quelque temps sur l'animal (et 3 ou 4 séances de suite suffisent), il n'en est plus ainsi.

Quand on présente à l'animal, de loin, un tube plein d'une substance blanche analogue au sel, le chien salive.

Mais la salive n'est plus visqueuse, elle est au contraire aqueuse, limpide et de tous points analogue à la salive produite par ingestion de sel.

On voit donc que la sécrétion psychique par représentation d'images est la même, pour le même excitant, que la salivation par perception gustative.

On peut avec d'autres expériences montrer que cette analogie est parfaite.

1º Le chien qui n'aimait pas le sucre, à la suite de 3 expériences où on lui en fit ingérer, eut une salivation aqueuse à la vue d'un morceau de sucre.

2º La variation qualitative de la salive se fait aussi vite dans le cas de sécrétion psychique que dans le cas de sécrétion par gustation, avec des excitants divers successifs.

Que la salivation soit produite par l'ingestion de différentes substances ou qu'on ait affaire à une sécrétion par représentation, la glande répond presque instantanément aux excitants successifs par la salive qui leur est propre.

Si on montre d'abord de la viande, la salive est visqueuse ; montre-t-on ensuite un tube de sel, la salive devient aqueuse, si on remontre la viande, la salive redevient visqueuse.

3º Quand on a provoqué la salivation aqueuse par ingestion de quinine et qu'elle tend à s'arrêter, la vue du tube à quinine la fait réapparaître, identiquement la même.

4º *Expérience des deux chiens conjugués :*

On prend deux chiens normaux, habitués aux expériences, et l'on opère sur l'un, pendant que l'autre le regarde. On donne de la viande au premier chien, sa salive s'écoule visqueuse. Le second qui le regarde manger a aussi une salivation visqueuse. On donne alors au premier du sel ; il manifeste aussitôt son dégoût, en même temps que sa salive devient aqueuse ; or l'autre chien a aussi une salive aqueuse. En redonnant de la viande au premier, les deux salives redeviennent visqueuses.

On voit que, pour un excitant donné, la sécrétion par

perception gustative et la sécrétion psychique par images visuelles sont absolument identiques.

28. Influence de l'habitude et de l'éducation. — Il est d'ailleurs possible que la seconde soit le résultat de la première, par suite d'une éducation cérébrale.

Un fait qui tendrait à le prouver, c'est qu'on peut créer par l'habitude des expériences une sécrétion psychique différente de celle qui existait primitivement chez le même chien.

Telle est la sécrétion psychique provoquée par la vue du tube de sel. Il y a même des cas où l'acte psychique est encore plus complexe que dans le cas d'images visuelles simples.

Nous avons eu un chien qui sécrétait d'emblée une salive visqueuse en nous apercevant, parce que nous avions l'habitude de lui offrir de la viande. D'autre part, à la suite d'expériences prolongées avec les sels et les amers, un autre de nos chiens, qu'on lui présentât quoi que ce soit, enfermé dans un sachet de toile, même un morceau de viande, avait d'emblée une salivation fluide.

Dans le premier cas, il y a une association d'idées relativement complexe et la vue de l'aliment n'est même plus nécessaire.

Dans le second cas, il est possible d'obtenir une sécrétion psychique pervertie ; l'animal se méfie et, quoi qu'on lui offre, il salive préventivement.

Nous verrons d'un autre côté, au chapitre suivant, que la salivation psychique normale peut persister, alors même que les nerfs gustatifs sont coupés.

En résumé, la sécrétion psychique par représentation nous apparaît comme un résultat de l'éducation et de l'habitude. Mais si l'animal s'aperçoit qu'une sensation habituelle va se renouveler, il salive comme il salivait autrefois après la sensation perçue. La sécrétion psychique devance la sécrétion par réflexe sensoriel et acquiert ainsi une grande importance ; *elle amorce la sécrétion gustative*. Pour les substances inconnues au chien, elle n'existe pas. Il est des substances que le chien croit reconnaître, tandis qu'il se trompe en réalité. Il salive alors, comme s'il ne se trompait pas.

Nous avons plus haut émis l'hypothèse que c'est « l'aliment » qui produit la salivation visqueuse ; nous trouvons dans les faits précédents quelques confirmations de cette idée.

La salive psychique visqueuse ne se produit qu'avec des aliments.

La viande, le sucre la provoquent. Nous l'avons aussi obtenue par la vue du pain chez un chien à jeun.

Elle n'est visqueuse que si l'animal aime l'aliment qu'on lui montre.

Enfin elle n'est jamais plus visqueuse que si on attise l'envie de l'animal en lui montrant longtemps le morceau de viande, surtout si le morceau est gros et si la proie en vaut la peine. On peut dire, comme Pawlow, pour l'estomac, « l'appétit, c'est du suc », mais ici c'est du suc visqueux.

Nous verrons encore d'autres confirmations de ces idées en étudiant la sécrétion par perception olfactive.

Auparavant, disons qu'on obtient de la parotide une

sécrétion par représentation. Elle est relativement peu abondante, sans caractères chimiques spéciaux, suivant l'excitant. Le pain même n'a pas semblé provoquer la salivation abondante indiquée par Pawlow. Dans tous les cas, la salivation sous-maxillaire la dépasse de beaucoup en quantité (plus des 2/3 pour la viande). On peut également développer par l'éducation une salivation psychique parotidienne par le sel; cette dernière est un peu plus abondante qu'avec la viande; mais jamais autant que la sécrétion sous-maxillaire dans le même cas.

29. Sécrétion par « perception olfactive ». — Le réflexe salivaire olfactif a une très grande importance. On sait quelles relations étroites existent entre le goût et l'odorat. Quand les paysans du centre de la France, veulent dire « cela a mauvaise odeur », ils disent « cela a mauvais goût ». Si un plat a une odeur désagréable, nous redoutons *a priori*, de le goûter.

On conçoit que chez les animaux à odorat développé, tels que les chiens, le rôle de l'olfaction dans le choix de la nourriture soit considérable.

Est-il possible d'imaginer une sécrétion salivaire par perception olfactive et quel est son degré de complexité au point de vue cérébral ? Deux cas sont à considérer.

1° Si l'animal se trouve librement en présence d'une substance odorante, il peut saliver par « perception olfactive », et c'est une salivation analogue à la salivation par gustation.

2° Mais si par exemple, on a coutume de faire ingérer

au chien une substance odorante comme le vinaigre, si le chien sent du vinaigre, on conçoit que l'acte cérébral sera plus complexe. La salivation sera alors une vraie salivation par représentation olfactive, une salivation préventive.

30. Expériences sur la salivation olfactive. — Les impressions olfactives, produisent très facilement la salivation réflexe. Si l'on présente à un chien qui a les yeux bandés, un morceau de viande, il salive aussitôt abondamment. On peut faire également une série d'expériences avec des tampons de ouate imbibés de différentes substances odorantes. Un tampon imbibé de sang de bœuf ou même d'extrait aqueux de viande produit une salive épaisse, filante, de même que la perception olfactive du morceau de viande chez le chien qui a les yeux bandés.

Au contraire, si on remplace ce tampon par un autre imbibé d'un acide (sulfhydrique, chlorhydrique, acétique), d'une essence (de thym, de lavande, de girofle), d'éther, de chloroforme ; l'animal fait des mouvements de répulsion et il s'écoule de 1 à 2 centimètres cubes suivant les moments et suivant les chiens d'une salive aqueuse et transparente.

Les gaz ou vapeurs odorantes, l'acétylène, l'acide sulfureux d'une allumette, la fumée de tabac produisent une salivation aqueuse.

On voit qu'il est nécessaire pour faire ces expériences, d'écarter les nombreuses causes d'erreur extérieures.

Les conclusions de ces expériences sont les suivantes :

1° Là encore la sécrétion est spécifique suivant l'excitant.

2° Les substances alimentaires, quand elles sont senties par l'animal, donnent une salive visqueuse.

3° La salive de viande provoquée par l'olfaction est identique à celle qui se produit par la gustation ou la vue de la viande.

Ces résultats concordent avec nos résultats antérieurs.

Nous tenons encore à citer deux expériences se rapportant à la salivation olfactive. Elles présentent un certain intérêt chacune à leur point de vue.

Expérience 1. — Si on agace un chien avec un tampon imbibé d'essences, (substances désagréables pour l'animal), pendant un temps un peu long et qu'après, on lui présente un morceau de viande caché dans une mousseline, il recule instinctivement et sa salive reste fluide, malgré le changement d'excitant. Si alors on insiste, si on force le chien à flairer la viande, la salivation devient visqueuse, en même temps que l'animal cherche à avaler le morceau qui lui fait envie.

Expérience II. — On fait sentir à un chien pendant quelque temps, une substance à odeur très persistante, l'ammoniaque, l'acide sulfhydrique ; la salive s'écoule aqueuse. Si alors on fait sentir au chien qui a les yeux bandés un morceau de viande caché, le chien continue à avoir une salivation aqueuse et la sécrétion visqueuse habituelle ne se produit pas. Elle se produit seulement si on donne le morceau à manger au chien, ou si simplement on lui découvre les yeux.

Dans l'expérience 1, la salivation visqueuse ne se produit pas parce que l'animal se méfie et croit qu'on veut encore lui faire sentir des essences ; dans l'expérience II au contraire, la salivation visqueuse fait défaut parce que le chien ne perçoit plus l'odeur de la viande.

31. Salivation par « images auditives ». — Les autres nerfs sensoriels peuvent aussi, dans certains cas, provoquer la salivation.

Le chien est attaché à l'appareil, je mets la main dans la poche de mon tablier ; il salive déjà ; mais si je fais entre-choquer dans cette poche des morceaux de sucre, la sécrétion redouble. Ce redoublement de sécrétion est du à une image auditive ; et dans ce cas complexe au point de vue de l'acte cérébral, le nerf acoustique joue un rôle.

CONCLUSIONS

—

32. — 1° Des expériences relatées dans ce chapitre semble se dégager le même fait que nous avons exposé au chapitre 1ᵉʳ :

La sécrétion est spécifique suivant l'excitant ; mais on peut entendre cette phrase dans un sens plus général :

La même substance, ingérée, sentie, vue ou même pressentie par l'animal fournit toujours la même salive.

La réponse de la glande paraît consciente. — Cette conscience n'est qu'apparente. Rien n'a prouvé jusqu'ici que l'excitabilité des nerfs centrifuges soit spécifique. Il est plus vraisemblable d'admettre, avec Pawlow, que ce sont les terminaisons périphériques des nerfs centripètes qui jouissent jusqu'à un certain point du pouvoir de réagir à des excitations spécifiques.

La conscience apparente de la partie terminale du réflexe, serait sous la dépendance d'une certaine conscience véritable de sa partie initiale.

On sait d'ailleurs (1) que les auteurs ont décrit, sur la muqueuse linguale, des points où certaines saveurs étaient seules perçues ; ces observations donneraient un caractère de vérité à l'hypothèse de Pawlow.

2° La sécrétion psychique semble un résultat de l'habitude et de l'éducation. Par la suite, l'acte cérébral prend un rôle très important. Il amorce la sécrétion, qui va se produire par excitation des terminaisons nerveuses gustatives.

Cet acte cérébral existe déjà, en effet, pour les substances dont le chien a l'habitude et l'expérience ; on peut le développer par l'éducation pour d'autres excitants. Bien plus, on peut, par certains artifices, mettre en défaut cette partie consciente de l'acte sécrétoire. Le chien trompé ne donne plus la sécrétion normale, correspondant à l'excitant employé.

Cette perversion de la sécrétion nous montre l'importance de l'acte psychique surajouté au réflexe sensoriel gustatif.

3° La sécrétion visqueuse de la salive sous-maxillaire semble correspondre, d'une façon générale, à la notion, (acquise par le goût, ou tout autre sens), d'un aliment aimé par l'animal.

(1) Cf. chap. IV.

Si on observe quelques différences entre les salives de viande et de sucre, par exemple, c'est probablement que le sucre se comporte en partie comme un sel. — Cette hypothèse expliquerait que le sucre provoque la même salive qu'un mélange de viande et de sel.

4° Sans tenir compte des détails, on peut dire qu'il y a deux sortes de salive sous-maxillaire : 1° *la salive visqueuse, qui répond à l'aliment ; 2° la salive aqueuse, qui est une salive de dissolution et de débarras.*

5° Les variations qualitatives et quantitatives plus fines que nous avons observées au chapitre I, montrent *que les réactions sécrétoires des glandes salivaires sont encore plus délicates que* ne l'indique la précédente affirmation ; et si l'hypothèse de Pawlow est vraie, on doit en conclure *que les terminaisons périphériques des nerfs centripètes sont admirablement différenciées.*

Les faits exposés au cours de ce chapitre nous amènent naturellement à étudier en premier lieu, dans notre seconde partie où nous traitons des voies du réflexe salivaire, la partie proximale du réflexe, celle qui intéresse les nérfs centripètes.

Mais nous sommes déjà avertis sur un point : De même que l'acte cérébral perverti provoque, si j'ose dire, une erreur de sécrétion ; il est également possible que, une fois la sensibilité gustative abolie pour une substance par une section nerveuse, l'acte psychique soit suffisant, pour produire quand même, la sécrétion normale. Notre intérêt sera donc d'opérer sur des chiens peu habitués aux expériences, et avec des substances qui leur soient peu familières.

APPENDICE A LA PREMIÈRE PARTIE (CH. III)

—

Nous avions terminé la rédaction de ce chapitre quand Pawlow publia (*Ergebnisse der Physiologie* III, 1, p. 177-193. Juillet 1904) un nouvel article sur la sécrétion psychique des glandes salivaires. Parmi les faits nouveaux qu'il cite, il en est de très intéressants. D'après les expériences de Tolotschinow dans le laboratoire de Pawlow, il n'est pas indifférent de faire les expériences sur des chiens affamés ou bien repus. La sécrétion psychique (par représentation visuelle) est beaucoup moins abondante dans le dernier cas. Pawlow insiste sur ce fait que l'attention de l'animal est un grand facteur de sé-crétion.

Il cite aussi ce fait que si on montre à plusieurs reprises la même substance à l'animal, la salivation qui se produit à la vue de cette substance diminue progressivement d'intensité ; pour la réveiller, rien de plus facile : on n'a qu'à faire goûter la substance à l'animal, et à la lui remontrer ensuite. Cette expérience montre encore le rôle de « l'attention ».

Dans un autre ordre d'idées, il cite les expériences sui-vantes :

I. — Montre-t-on à la fois à un chien de la viande et du pain sec ; la salivation parotidienne est très faible ; or la vue de la viande agit peu généralement sur la parotide ; celle du pain sec au contraire provoque une sécrétion abondante. La salive provoquée dans ce cas serait celle qui correspond à la viande seule, substance dont le chien a le plus envie.

II. — Autre expérience : si deux chiens sont en présence, et qu'on montre à ces deux chiens un morceau de pain, la salive parotidienne s'écoule abondamment chez tous deux ; si alors, on vient à donner le pain à l'un des chiens, la sécrétion de l'autre s'arrête.

Pawlow insiste également sur l'action de l'entourage, de la peur, de l'inquiétude, sur les variations de la sécrétion psychique. Le chien qui subit la première expérience salive abondamment à la vue du pain quand il est par terre ; la sécrétion s'arrête quand on le met sur la table.

Au point de vue général, Pawlow a des conclusions analogues aux nôtres. Il soutient également que la salive sous-maxillaire visqueuse du chien correspond à l'aliment agréable.

Une question différente que Pawlow résout par la négative est la suivante : Les passions de l'animal, ses désirs sont-ils des causes de sécrétion ? Pawlow met en avant l'expérience I citée plus haut ; ce qui l'amène à nier l'action excito-sécrétoire du désir. Il est fort possible que le fait soit vrai pour la parotide. Mais à ce propos, nous tenons à citer certains faits que nous avons observés sur notre dernier chien porteur d'une fistule sous-maxillaire permanente. Nous avons emmené ce chien durant deux mois à la campagne, où il a vécu en pleine liberté, et où il était loisible de l'examiner dans sa vie naturelle. Ce chien d'un an et demi environ était un braque croisé qui adorait la chasse et rapportait très bien.

Nous avons d'abord constaté chez lui les effets du changement de régime. Avant son départ, il avait été laissé 15 jours à l'hôpital Saint-Antoine où il était admirablement nourri avec de la viande crue et de la soupe. A vrai dire, il touchait peu à la soupe. Il refusait le pain.

A son arrivée à la campagne, il refusa le pain pendant deux jours, puis l'accepta. Le cinquième jour, il en mangeait de grand cœur.

Or le pain ne produisait à Paris, qu'une salivation sous-maxillaire peu abondante et très peu visqueuse. Un mois après, la vue du pain provoquait une salivation aussi visqueuse que la viande. Bien plus, à la fin des vacances, les pommes de terre et les betteraves cuites à l'eau pour les porcs, qui ne provoquaient guère auparavant de salive visqueuse, arrivaient à provoquer (par leur vue simple) une salivation extrêmement visqueuse. Il est à noter que cette salivation était plus fluide, quand le chien les mangeait.

On voit donc qu'il est possible, par l'habitude et l'éducation, de créer des salives visqueuses, comme des salives fluides, et cela avec les mêmes substances qui auparavant provoquaient une sécrétion par images toute différente.

A la chasse, nous avons remarqué un autre fait intéressant. Quand le chien rapporta le premier perdreau, gibier qu'il ne mangeait pas, il arriva doucement, et à ce moment, une salive abondante et extrèmement visqueuse s'écoulait par la fistule. Elle persista pendant quelques minutes, puis disparut. Le fait se renouvela à tous les perdreaux suivants.

Ce chien était passionné pour la chasse, et le fait de rapporter un perdreau provoquait chez lui une salivation visqueuse. Ce fait nous prouve qu'en dehors de l'idée même d'aliments, certains états psychiques, qu'il est difficile et certainement même téméraire de tenter d'analyser, peuvent provoquer la salivation sous-maxillaire visqueuse.

Un jour, on tua une pie à la chasse, le chien courut la ramasser, mais, ayant vu l'animal, il revint nous trouver sans l'apporter. Nous fûmes très étonné de constater non-seulement l'absence de la sécrétion visqueuse, mais l'existence d'une légère sécrétion aqueuse. Nous présentâmes l'oiseau au chien: cette salivation augmenta et le chien détourna la tète en signe de dégoût. Comme dans les expériences de Pawlow, citées plus haut, quand nous eûmes plusieurs fois présenté la pie, la sécrétion s'arrêta. (Nous avons remarqué souvent le dégoût profond du chien pour la pie et le geai).

Voilà donc encore un fait : dans la vie ordinaire, la vue d'un objet repoussant, sans qu'il soit pour le chien question de le manger, provoque chez lui une salivation fluide (1).

Si donc les états psychiques passionnels n'ont pas, comme dit Pawlow, le pouvoir prépondérant sur la sécrétion parotidienne, ils ont une action certaine sur la sécrétion sous-maxillaire, et la sécrétion visqueuse qui correspond à l'aliment aimé peut correspondre aussi à un état passionnel agréable.

---

(1) Dans le même ordre d'idées, citons encore l'expérience suivante : La plupart des chiens détournent la tête à la vue d'un verre plein d'eau ou même vide, comme s'ils étaient dégoûtés. Notre dernier chien présentait ce dégoût pour le verre ; et au moment où il détournait la tête, quelques gouttes *fluides* s'échappaient par sa fistule.

DEUXIÈME PARTIE

ÉTUDE DES VOIES DU RÉFLEXE SALIVAIRE

CHAPITRE IV

Sécrétion sous-maxillaire du chien à fistule permanente,
après la section des différents nerfs gustatifs

83. Historique. — La sensibilité gustative a son siège
principal sur la muqueuse de la langue et est distincte de
la sensibilité tactile ou générale. Mais parmi les troncs
nerveux qui se rendent à la langue, nous n'en connaissons
aucun qui préside exclusivement aux impressions gustatives et dont la section abolisse le goût, sans porter atteinte
à la sensibilité tactile.

Les goûts et saveurs que nous pouvons considérer
comme spécifiques sont réductibles à quatre groupes ; ce
sont : les sensations de l'amer, de l'acide, le goût sucré ou
salé. Les autres sensations sont des sensations complexes,

où des impressions tactiles ou olfactives viennent modifier la saveur primitive.

Etant données ces considérations, deux questions se sont immédiatement posées qui ont donné lieu à deux ordres différents de recherches :

1er En quels points de la langue sont perçues les différentes saveurs ?

2me Quels sont les nerfs chargés de transmettre ces sensations ?

Une première série d'expériences a répondu à la première question.

Drielsma, Stich, Schirmer ont d'abord expérimenté avec des corps sapides, Neumann ensuite s'est servi de l'excitation électrique pour déterminer les régions de la cavité buccale douées de la sensibilité gustative.

Neumann a reconnu que non seulement la langue participait à la faculté gustative, mais encore le voile du palais, du moins au niveau des piliers antérieurs. La luette, les piliers postérieurs, la voûte seraient dépourvus de toute faculté gustative.

Depuis, certains auteurs se sont attachés à étudier les territoires où telle ou telle saveur est perçue, et la dose minima capable en ces différents points de produire la sensation gustative. Les travaux les plus importants sur cette question sont ceux de Vintschgau (1) et de Golscheider (2).

(1) *Hermanns Handbuch*, III, 2.
(2) Gesammelte Abhandlungen. — Bd I, 1898.

Plus récemment Kiesow et Hahn (1) ont repris cette question en détail. Ils ont montré en outre que, comme l'avait dit Neumann, les piliers et la luette sont insensibles aux sensations gustatives : mais en revanche, que l'épi-glotte et les replis aryténo-épiglottiques sont, chez l'homme, sensibles aux diverses sensations et en parti-culier aux sensations acides.

Il résulte de toutes ces recherches que les diverses sen-sations gustatives ont une topographie très précise, très bien limitée ; dont on peut pour ainsi dire dresser la carte sur l'organe du goût. Telle papille sera sensible aux amers à l'exclusion des autres sensations, telle autre à la saveur sucrée. Ce fait est une preuve irréfutable de l'exci-tabilité spécifique de certaines terminaisons nerveuses périphériques.

La réponse à la seconde question a donné lieu encore à beaucoup plus de controverses.

Au siècle dernier, le lingual, *nervus gustatorius*, jouis-sait encore du privilège exclusif de présider au sens du goût. Aucun rôle gustatif n'était dévolu au glosso-pharyn-gien. C'était encore l'avis de Magendie. C'est alors que Panizza vint affirmer qu'au contraire le glosso-pharyngien était le seul nerf gustatif.

Pour la première fois, J. Müller formula l'hypothèse que plusieurs nerfs pouvaient contenir des fibres gusta-tives. Il constata également un reste de sensibilité à l'amer à la suite de la section du glosso-pharyngien.

(1) Kiesow et Hahn. — *Zeitschrift für Psychologie*, 1901, XXVI, 83-417, XXVII, 80-94.

Schiff recommença alors des expériences dans deux buts différents :

1° Connaître quel nerf présidait à telle ou telle sensation gustative ;

2° Connaitre la voie centripète de l'excitation.

Ses expériences ont été répétées et longuement discutées, en particulier par Prévost (1), Lussana (2) et Vulpian (3).

Les conclusions sont les suivantes :

La sensation salée est perçue dans les zônes innervées par le lingual aussi bien que par le glosso-pharyngien.

La sensation acide est perçue surtout dans le district du lingual.

Les saveurs sucrée et amère sont surtout perçues dans le domaine du glosso-pharyngien.

Toutefois cette division n'est pas absolue : Après la section du glosso-pharyngien, il reste encore un certain degré de sensibilité à l'amer.

Les voies suivies par les excitations sont les suivantes :

Pour le tiers postérieur de la langue, le glosso-pharyngien ;

Pour les deux tiers antérieurs, le nerf lingual. Mais le nerf lingual, branche du trijumeau, ne serait doué que de la propriété de percevoir les sensations tactiles. Son pouvoir gustatif serait dû à des filets sensitifs de la corde du tympan qui traverseraient ensuite le ganglion otique,

(1) Prévost. — *Arch. de Phys.*, 1873, 258, 279.
(2) Lussana. — *Arch. de Phys.*, 1869, II.
(3) Vulpian. — *Arch. de Phys.*, 1869, p. 409.

passeraient par le grand nerf pétreux superficiel, traverseraient le ganglion géniculé et seraient confondus ensuite avec le nerf intermédiaire de Wrisberg.

Cl. Bernard est le premier à avoir remarqué le rôle gustatif de la corde. Il a vu que le goût était très diminué dans le tiers antérieur de la langue après la section de la corde dans l'oreille. Dans la paralysie faciale d'origine otique, on retrouve quelquefois le même fait.

Nous avons repris quelques expériences sur les nerfs gustatifs, en prenant comme réactif la sécrétion salivaire, que différents auteurs, et en particulier Schiff, avaient déjà employée dans le même but.

34. Recherches personnelles. — Nous avons opéré sur deux chiens à fistule sous-maxillaire permanente.

Le chien n° 1 a subi la section des deux nerfs linguaux, immédiatement avant leur anastomose avec la corde du tympan ; le chien n° 2, la section des deux glosso-pharyngiens à leur sortie du crâne. Enfin trois semaines après la première section et après une étude détaillée, nous avons également sectionné les glosso-pharyngiens du chien n° 1.

Ces expériences avaient pour but de séparer la salivation par impressions gustatives de la salivation psychique par représentation d'images. Nous avons déjà montré, au chapitre iii, que cette dernière pouvait être développée par l'éducation chez un chien habitué aux expériences avec des excitants gustatifs variés.

Mode opératoire. — Nous opérons avec un pinceau imbibé de solutions concentrées de diverses substances que nous déposons, soit en avant, soit en arrière de la langue.

Nous notons en même temps l'impression agréable ou désagréable produite chez l'animal par la substance, et la réaction salivaire. Nous montrons les excitants avant de les donner. Avec la viande et le sucre, nous donnons forcément les morceaux entiers. Les deux chiens ont été d'abord étudiés avant toute section nerveuse. Ils réagissent, vis-à-vis des différents excitants, comme les chiens que nous avons précédemment étudiés. Ils sont très friands de sucre. Le premier est doux, mais très peureux, il subit vraiment l'expérience ; le deuxième est jeune, très vif et très joueur. La première fois, à la vue du tube de sel, il eut une salivation visqueuse, comme avec la viande qu'il venait de goûter. Voici le protocole de quelques expériences :

35. Excitants employés. — Solutions saturées de sucre, de sel, quinine sèche et pâteuse, SO^4Na^2 saturé. Acide acétique à 1 %.

Tous ces excitants sont déposés avec le pinceau. La vue des tubes à essai provoque dans les premières expériences à peine de salivation psychique. (Les chiens avaient été soumis, avant l'opération, seulement à deux séries d'expériences datant d'un mois.)

Excitants	Chien n° 1 linguaux coupés		Chien n° 2 glosso-pharyngiens coupés	
	Gouttes de salive	Caractère	Gouttes de salive	Caractère
Eau distillée . .	En avant : 1 En arrière : 2	Fluide. »	En avant : 2 En arrière : 1	Fluide. »
Solution saturée, sel marin. . .	En avant : 1 En arrière : 10	» »	En avant : 13 En arrière : 1	» »
Quinine sèche . .	En avant : 0 En arrière : 0	» »	En avant : 0 En arrière : 0	» »
Quinine pâteuse .	En avant : 1 En arrière : 10	» »	En avant : 1 à 2 En arrière : 1	» »
SO^4Na^2, solution saturée . . .	En avant : 1 En arrière : 3	» »	En avant : 9 En arrière : 1	» »
Acide acétique à 1 °/₀	En avant : 1 En arrière : 2	» »	En avant : 6 En arrière : 1	» »
Solution saturée. Saccharose . .	En avant : 1 En arrière : 3	» à peine plus visqueuse	En avant : 3 En arrière : 0	» »

De ces expériences résultent des faits déjà connus dans leurs détails par les auteurs qui ont déterminé exactement en quels points [de la langue telle ou telle saveur était perçue :

La sensation salée est perçue partout ; la sensation acide, par la partie antérieure de la langue ; l'amère par le tiers postérieur.

Ces faits sont très nets au moment des premières expériences, mais se modifient bientôt.

Si on excite continuellement la zone insensible, l'animal se laisse faire, et il s'écoule très peu de salive ; mais dès qu'on a, par exemple, déposé deux ou trois fois du sel sur la partie antérieure de la langue du chien 2 ; si on recommence l'expérience en arrière, la salivation se produit, et se produit même souvent avant qu'on ait déposé le sel sur la langue. La quinine elle-même, qui ne provoque aucun dégoût chez l'animal, le fait saliver avant même qu'il l'ait sur la langue. Il ne discerne pas la substance en expérience, mais il se méfie et salive pour ainsi dire préventivement. Il est bon alors, pour obtenir le résultat réel, d'exciter à diverses reprises la zone insensible avec de l'eau pure; et alors chez le chien n° 2 on obtient :

Quinine pâteuse
En arrière . . . . 1 goutte.
En avant . . . . 2 gouttes.

Chez ce chien, du reste, 1 gramme de quinine avalé en entier ne provoque que IV gouttes fluides, et l'animal ne fait presque aucun geste de dégoût.

La vue de la viande crue provoque toujours chez les deux chiens une salive visqueuse. Si l'animal a les yeux bandés, la salive est également visqueuse, même si on évite que le chien flaire la viande. L'animal manifeste son contentement.

On ne peut guère pour l'étude des sensations sucrées se servir des solutions concentrées, surtout si on n'emploie que quelques gouttes. Même chez le chien normal, à n'importe quel endroit de la langue, la sensation est faiblement perçue et la sécrétion insignifiante.

Nous savons que les deux chiens sont friands de sucre. La première expérience faite après l'opération concurremment chez les deux chiens 1 et 2, nous montre un résultat intéressant.

Chez les deux chiens, la vue du morceau de sucre provoque une sécrétion abondante et visqueuse. Donnons alors le morceau au n° 1. Il le croque avec plaisir et continue à sécréter abondamment une salive visqueuse. Le n° 2 au contraire, casse aussi le sucre, le mâche, mais paraît déçu; il laisse retomber le sucre. Pendant ce temps ne s'écoulent que 2 gouttes de salive. Si on recommence, l'animal mâche à nouveau le sucre, il s'écoule à peine 1 goutte; enfin, à la quatrième reprise, il refuse même d'y toucher. On obtient les mêmes résultats en badigeonnant la gueule d'un animal normal, 15 minutes avant l'expérience du sucre, avec une solution alcoolique d'acide gymnémique (1) (extrait d'une plante exotique, le Gymnema). Dans ce cas. si on cache le sucre, le chien a une salive fluide comme avec du sable. Cette dernière expérience montre bien que la sécrétion par perception gustative et la sécrétion psychique par images visuelles sont différentes, bien que la dernière puisse être développée par l'exercice de la première.

36. Section des 2 paires de nerfs gustatifs. — L'étude du chien n° 1 après la section des deux paires de nerfs gustatifs nous semble présenter aussi quelque intérêt :

Avec la viande, on obtient une salivation abondante et visqueuse, dès que le chien l'aperçoit. Quand il en avale de petits morceaux, il s'écoule encore 1 à 2 gouttes de sa-

(1) Cette solution fait disparaître au bout d'un quart d'heure la faculté de percevoir la saveur sucrée.

live visqueuse. L'animal mangerait indéfiniment de la viande et, malgré l'absence de perception gustative, la salivation psychique est toujours abondante. Si on donne des os à l'animal, la salivation psychique est la même, mais de plus il s'écoule tardivement, au moment de la déglutition quelques gouttes de salive visqueuse. Il semblerait que les nerfs gustatifs ne sont pas entièrement coupés.

Cependant, si on répète sur ce chien les expériences avec le pinceau imbibé de diverses substances, aux différents endroits de la langue, jamais avec n'importe quelle substance, on n'obtient plus de 2 gouttes de sécrétion.

Il n'en est pas de même si on emploie de grandes quantités de substance. Un tube à essai de sel, de sulfate de soude, de quinine mélangée à CO_3Ca, de CO_3Ca pur, deux morceaux de sucre à la fois provoquent la salivation : mais cette salivation est spéciale à divers point de vue. (L'expérience avec le sucre en morceaux n'a réussi qu'une fois ; la deuxième fois l'animal l'a rejeté comme avait fait le chien n° 2).

Sitôt la substance introduite dans la gueule, l'animal fait de nombreux mouvements de mastication. Il paraît agacé, mais jamais ne témoigne de dégoût même avec un tube à essai entier de sel dans la gueule. Il n'essaie même pas de le rejeter. Jusque-là à peine une goutte de salive, mais dès que la déglutition commence, la salivation apparaît. Elle n'est jamais aussi abondante avec la même dose que sur le chien normal, elle est néanmoins très sensible. Voici quelques chiffres obtenus :

Avec un tube de sel. . . . . 16 gouttes.
avec $^1/_2$ tube (1 gr. de quinine + CO^3Ca). 9 »
avec $^1/_2$ tube CO^3Ca. . . . . 8 »
avec 2 morceaux de sucre ensemble . . 6 »

Quand on voit cette salive s'écouler on est tout de suite frappé de ce fait qu'elle n'est pas fluide et aqueuse, comme chez le chien normal avec les excitants précédents. Au contraire elle est filante, assez limpide ; et sans être aussi visqueuse que la salive habituelle de viande, elle atteint le taux de mucine de la salive habituelle de sucre (0 centigramme, 80 de mucine desséchée à 100 degrés par centimètre cube).

L'ingestion de grandes quantités de substances quelconques provoque donc chez le chien à nerfs gustatifs coupés une salivation relativement abondante et visqueuse, débutant avec la mastication, mais surtout intense pendant la déglutition. Il est probable que c'est une salivation réflexe, dont le point d'origine est l'excitation des terminaisons des nerfs sensitifs du pharynx.

On pouvait se demander s'il était possible de provoquer chez ce chien une salivation fluide. Nous y sommes parvenus par deux moyens. On peut en obtenir 5 ou 6 gouttes par la salivation psychique par perception olfactive, en faisant sentir au chien une essence, de l'éther, ou du sulfhydrate d'ammoniaque. Mais il est également possible d'en obtenir davantage par l'ingestion d'une assez grande quantité (1 tube à essai) d'acide acétique à 1 p. 100. L'animal ne fait aucun mouvement de répulsion, il avale tout, mais au moment de la déglutition apparaissent alors 12 gouttes de salive fluide. Comment interpréter cette expérience? L'acide acétique est-il perçu comme corps sapide (et c'est l'opinion de Kiesow que le pharynx perçoit un peu l'acidité), ou comme corrosif léger du pharynx? Ou bien est-ce simplement parce que c'est un liquide?

Or l'eau distillée à la même dose provoque beaucoup moins la salivation. L'une des deux premières hypothèses paraît donc plus vraisemblable. Rappelons encore que, malgré la salivation, l'animal manifeste moins de dégoût avec un tube entier qu'un chien normal avec un centimètre cube.

CONCLUSIONS

—

37. — 1° Il est facile de vérifier chez le chien à fistule permanente les faits suivants déjà connus.

La saveur salée est perçue en avant et en arrière de la langue.

La saveur acide est perçue surtout par la partie antérieure.

La saveur amère et la saveur sucrée sont perçues surtout par la partie postérieure.

2° La salivation psychique par représentation se produit après la section des nerfs gustatifs comme avant cette section.

3° Il est nécessaire d'éviter les erreurs dues à cette sécrétion psychique, quand on étudie la salivation réflexe gustative sur des chiens à fistule permanente.

4° L'examen d'un chien qui avait subi une section des deux paires de nerfs gustatifs, nous a permis de reconnaître qu'il existe une salivation réflexe provoquée par l'excitation des terminaisons nerveuses du pharynx au moment de la déglutition. C'est un « *réflexe salivaire pharyngien.* »

5° La salivation réflexe qui se produit dans ce cas est différente quantitativement et qualitativement de celle qui se produit avec les mêmes excitants quand les nerfs gustatifs sont intacts. Elle présente quelques variations qualitatives suivant les substances employées.

Nous insisterons, en terminant, sur un point : Nous tenons à signaler encore l'importance de la sécrétion psychique par représentation d'images.

Acquise et développée par l'habitude, elle peut, quand les nerfs gustatifs sont coupés, suppléer la sécrétion par perception gustative. — On peut en conclure qu'à l'état normal, cette sécrétion a un rôle qu'il ne faut pas négliger.

CHAPITRE V

—

Action de quelques alcaloïdes sur la sécrétion salivaire. Poisons excito-sécrétoires et fréno-secrétoires. Pilocarpine et Atropine. Leur antagonisme.

38. Historique. — L'étude des poisons qui agissent sur les sécrétions comme excitateurs ou paralysants a donné lieu jusqu'ici à de très nombreux travaux.

Le type des poisons excito-sécrétoires est fourni par la pilocarpine découverte par Hardy et étudiée par Gübler. C'est un alcaloïde extrait du jaborandi.

Le type des poisons fréno-sécrétoires est réalisé par l'atropine, extraite de la belladone et découverte par Geiger.

Ces deux poisons sont antagonistes; c'est-à-dire que les effets de l'un peuvent être supprimés par l'action de l'autre.

Pilocarpine. — La pilocarpine excite la sécrétion salivaire, c'est en même temps un vaso-dilatateur puissant. Un point important consiste à connaître sur quels éléments agit la pilocarpine pour produire la sécrétion.

Les anciens auteurs et en particulier Vulpian (1) tendent

(1) Vulpian. — *Biologie*, 1879. et CR. *Ac.*, *Sc.* 1878.

à croire que l'action de la pilocarpine s'exerce par la périphérie, comme celle du curare.

C'est aussi l'opinion récente de Morat. Cependant l'étude de l'action de ce poison après la section et la dégénérescence des nerfs, a donné des résultats assez différents entre les mains des divers auteurs. D'après les uns, après 8 ou 10 jours, la pilocarpine ne produirait plus la sécrétion. Vulpian et Langley ont observé que même après la section de la corde du tympan, celle du sympathique ou l'action de la nicotine, la pilocarpine agit encore sur la sous-maxillaire. Heidenhain (1) a retrouvé le même fait.

Cette salive, six semaines après la section de la corde serait moins abondante et plus visqueuse (Langley (2)). L'action de la pilocarpine se produirait donc au moins en partie, sur les éléments glandulaires eux-mêmes.

Quelles sont les propriétés de la salive provoquée par la pilocarpine?

Deriu A. (3) étudiant la pilocarpine au point de vue toxicologique a remarqué que cet alcaloïde injecté par voie veineuse en quantités progressivement croissantes augmentait la richesse en mucine de la sécrétion sous-maxillaire, mais cet auteur n'a pas recherché quel était l'effet d'une seule dose sur la marche et la qualité de la sécrétion.

D'après Delezenne (4), la pilocarpine provoquerait une leucocytose intense.

(1) Heidenhain. — *Arch. f. d. ges. Phys.* IX. 335.
(2) Langley. — *Journal of an. and phys.* XI. p. 173. 1877 *et Journal of Phys.* I. 1878, p. 339.
(3) A. Deriu. — *Lo Sperimentale,* 1901.
(4) Delezenne. — *Biologie* 1902.

Le suc pancréatique serait rendu actif (sur les albumines), grâce aux leucocytes.

La sécrétion provoquée par la pilocarpine est modifiable sous certaines influences (Langley, cité par Gley. *Arch., Phys.*, 1889).

Elle est augmentée par l'excitation électrique de la corde.

Atropine. — L'atropine arrête la sécrétion salivaire. Chez un chien qui a reçu de l'atropine, toute excitation (Excitations gustatives, courants induits, asphyxie, etc.) serait incapable de produire la sécrétion. Le chien serait analogue à un chien qui aurait subi une section de la corde du tympan.

Ce fait a été vu la première fois par Keuchel (1). Heidenhain (2) de son côté a remarqué que les vaso-dilatateurs contenus dans la corde n'étaient pas paralysés par l'atropine et il s'en est servi pour séparer les nerfs excito-sécrétoires des vaso-moteurs.

D'un autre côté, les nerfs du grand sympathique résistent bien à l'action de l'atropine : même après l'injection de 100 milligrammes d'atropine dans les veines, on peut encore obtenir la sécrétion sous-maxillaire par excitation du sympathique cervical (Heidenhain). Langley (3) a démontré le même fait chez le chat à la dose de 40 milligrammes. Wertheimer et Lepage (4) ont vu que sur le pan-

(1) Keuchel. — *Das Atropin und die Hemmungsnerven*, Dorpat 1868, p. 32.
(2) Heidenhain. — *Hermanns Handbuch*, V. Bd, II 1880.
(3) Langley. — *Unters. aus dem phys. Inst.* von Heidelberg I, 478, 1878.
(4) *Biologie*, 1901. nᵒˢ 26 et 31.

créas, qui a des réflexes où le sympathique sert de voie centrifuge, l'atropine n'empêchait pas la sécrétion réflexe produite par le contenu acide du duodénum.

L'action de l'atropine se ferait donc sentir surtout sur la corde du tympan, et en général sur les nerfs qui ne font pas partie du sympathique.

Antagonisme de la pilocarpine et de l'atropine. — L'atropine et la pilocarpine sont antagonistes. La sécrétion provoquée par la pilocarpine est arrêtée par l'atropine et le phénomène est réversible à condition d'employer des doses moyennes. La dose de pilocarpine à employer est généralement plus forte que celle d'atropine (Morat).

Pour certaines glandes, cette action n'est pas réversible, du moins à faible dose.

C'est ce qui a lieu pour le pancréas (Wertheimer et Lepage (1)). En effet, l'atropine ne supprime pas le réflexe sécrétoire pancréatique sympathique, mais paralyse les filets du vague et c'est par l'intermédiaire de ce dernier nerf qu'agirait la pilocarpine. Pour obtenir la sécrétion par la pilocarpine, il serait nécessaire dans ce cas d'employer de fortes doses,

Signalons encore que Mathews (2) a arrêté par l'atropine la sécrétion sous-maxillaire produite par la pilocarpine sur un chien à corde du tympan coupée.

Il en a conclu que l'atropine avait aussi comme la pilocarpine une action directe sur les éléments glandulaires.

Renseignements fournis par l'étude des poisons. — L'inté-

(1) *Loc. cit.*
(2) Mathews. — *Journal de Phys. et de path. gén.*, 1901.

rêt qui se dégage de l'étude des alcaloïdes excito ou fréno-sécrétoires est grand à plus d'un point de vue.

Chez un chien porteur d'une fistule permanente, en particulier, les injections de poisons renseignent sur les points suivants :

1e On peut étudier d'abord les effets du poison ; et dans le cas d'un poison excito-sécrétoire, la sécrétion produite. Cette sécrétion peut présenter des variations qualitatives et quantitatives.

Comme il est possible de recueillir tout le suc sécrété, on a des notions très exactes sur le travail de la glande, et si l'on veut aussi de certaines parties de la glande. (Les cellules mucipares p. ex. pour la sous-maxillaire).

2e On peut comparer la sécrétion produite par le même poison sur un chien normal et sur d'autres chiens ayant subi différentes sections nerveuses. On peut ainsi se rendre compte dans une certaine mesure du lieu d'action des poisons.

3e L'action frénatrice de certains poisons éclaire le mécanisme nerveux de la sécrétion, en même temps qu'elle montre l'effet du poison lui-même. Il en résulte que souvent la même expérience donne un double résultat au point de vue de l'action même du poison et au point de vue de l'action nerveuse.

Nous serons obligés, par cela même, dans le chapitre suivant, de rappeler quelques faits exposés dans le présent chapitre.

Pour l'étude des poisons, la méthode des fistules permanentes présente un avantage considérable ; en permettant de recommencer sur les mêmes animaux, à intervalles plus ou moins éloignés, les mêmes expériences. On ne peut également employer que des doses permettant la vie et ne troublant pas trop les fonctions normales.

Etude de la pilocarpine et de l'atropine. — Nous avons pris comme exemple deux poisons déjà connus depuis longtemps, et considérés comme antagonistes, du moins au point de vue du résultat de leur action, sinon au point de vue du lieu où s'exerce cette action ; l'atropine, fréno-sécrétoire, la pilocarpine excito-sécrétoire.

39. Etude de la pilocarpine. — Nous avons employé les injections sous-cutanées de solutions aqueuses de chlorhydrate de pilocarpine. Nous injectons généralement de 1/2 centigramme à 1 centigramme de chlorhydrate (0,5 à 1 centimètre cube d'une solution à 1 0/0).

Une première série d'expériences a trait à la *marche de la sécrétion et au travail glandulaire*.

Expérience type. — On fait sur un chien attaché à l'appareil, une injection sous-cutanée de 1 centimètre cube de solution à 1 0/0, et on dispose à portée une série de tubes gradués en dixièmes de centimètre cube. Après le début de la sécrétion, on la recueille de 5 en 5 minutes. On a ainsi une courbe représentant la marche de la sécrétion. Si au lieu de représenter en ordonnées la sécrétion de 5 en 5 minutes, on représente la quantité de salive totale sécrétée jusqu'au temps t, on aura une nouvelle courbe représentant le travail glandulaire.

L'effet excito-sécrétoire de la pilocarpine se produit très rapidement.

La première goutte apparaît entre la 3[mc] et la 6mo minute ; et immédiatement, (avec 1 centigramme de pilocarpine pour un chien de 15 kilogrammes) la sécrétion est très abondante. Pendant environ 10 minutes, elle conserve la même vitesse ; au bout de ce temps, la sécrétion décroît environ de moitié pour le même intervalle de temps, et reste constante pendant environ 1 heure. Elle décroît ensuite progressivement mais très lentement.

Si on emploie des doses plus faibles de pilocarpine, (0,5 à 0,75 centigrammes), la sécrétion rapide du début ne se produit qu'après un intervalle de 5 à 6 minutes, pendant lesquelles il ne s'écoule que quelques gouttes. La sécrétion se poursuit ensuite comme dans le premier cas.

Voici le tableau de deux expériences, pratiquées sur deux chiens de poids à peu près égal (15 kilogrammes) après une injection de 1 centigramme pour le premier, 0 centig. 75 pour le deuxième.

Sécrétion de 5' en 5' en centimètres cubes (1)

Chien n° 1 (15k,500) 1 centigramme de pilocarpine début au bout de 3 minutes	Chien n° 2 (15 kilog.) 2/3 centigramme de pilocarpine début au bout de 6 minutes
6	2
7,8	2,5
4	7
3	5,4
3	4
3,2	3,5
3	3,8
3,7	3.7
3,8	3
3,6	3,1
3,7	3
3,3	2,9
3,2	»

(1) Cf. *les courbes*, n°s 3 et 4.

L'étude comparative de diverses expériences analogues nous permet d'avoir une idée du travail glandulaire.

Deux points sont surtout frappants. Le premier c'est la fixité de ce travail dans les différentes expériences faites sur le même animal et même sur des animaux différents.

Nous avons totalisé la quantité de salive sécrétée dans diverses expériences au bout de 25 minutes ; en voici le tableau :

Médor,	17 Février	1902 en 25'	25^{cc},8	injection de	1^{cg}
Fritz,	17 Mars	1902 en 25'	22,5	»	2/3^{cg}
Fritz,	20 Avril	1902 en 25'	22,7	»	1^{cg}
Médor,	28 Avril	1902 en 25'	23,1	»	1^{cg}
Tom,	7 Mai	1903 en 25'	22,1	»	1^{cg}

On voit que cette constance du travail glandulaire pour des animaux de poids à peu près égal est très remarquable.

Le second point curieux, c'est la valeur considérable de ce travail surtout par rapport au poids très petit de l'organe (2 à 3 grammes).

Les chiffres ci-dessus le montrent déjà ; nous y ajouterons les suivants :

Expérience I,	chien n° 1	durée 1^h,36'	recueillis 59^{cc},5
Expérience II,	» n° 1	» 1,33'	» 54,5
Expérience III,	» n° 2	» 1,15'	» 58,5

40. Expériences avec la parotide. — Pour comparer plus facilement les sécrétions des 2 glandes, nous avons opéré un chien d'une double fistule sous-maxillaire et parotidienne, en ayant soin de faire déboucher très latéralement l'orifice du canal de Sténon, pour éviter le mélange des deux salives.

Les expériences faites dans ces conditions montrent que la marche des deux sécrétions est identiquement la même ; à ce détail près, que le travail de la parotide est beaucoup moins considérable que celui de la sous-maxillaire.

Voici une expérience du 7 mai 1903.

Tom (*injection de 1 centigramme*)
Début au bout de 10 minutes. — 2ʰ30 début de la sécrétion

Horaire de la sécrétion	Centimètres cubes sécrétés	
	Sous-maxillaire	Parotide
2 h. 35	4^{cc},8	1^{cc},4
2 h. 40.	7^{cc}	2^{cc},2
2 h. 45.	5^{cc}	2^{cc}
2 h. 50.	3^{cc},5	1^{cc},8
2 h. 55.	1^{cc},8	1^{cc}

Durée : 25 minutes.   Quantité sécrétée : 22^{cc},1   8^{cc},4

On voit que le travail de la parotide est plus de deux fois moindre que celui de la sous-maxillaire.

Cependant, si on calcule la quantité de salive sécrétée par les quatre glandes en 25 minutes, on trouve le travail considérable de 61 centimètres cubes sécrétés, qui représentent en poids au moins 5 fois le poids des glandes sécrétrices (1).

**41. Variations qualitatives de la salive secrétée sous l'influence de la pilocarpine. Mucine. — La première expérience que nous avons faite (injection de 1 centigramme de pilocarpine à Fritz le 14 janvier 1902) nous révéla de suite quelques points intéressants.

(1) Cf. courbe n° 2.

Pendant les deux premières minutes, le chien fournit environ 5 centimètres cubes d'une salive très fluide, aqueuse, coulant très vite et par là-même facile à recueillir entièrement ; au bout de 2 minutes, nous changeons le tube, la salive s'écoule un peu moins fluide, elle est aussi un peu plus opalescente ; 5 minutes après le début de la sécrétion elle est nettement plus épaisse. Mais vers la dixième minute, elle devient tellement visqueuse qu'elle a peine à couler le long des parois du tube ; on peut retourner ce dernier, sans risquer de la détacher. Cet état de viscosité se prolonge environ 15 minutes.

Pendant ce temps, l'animal lui-même est gêné par cette salive visqueuse qu'il déglutit, puis vomit parfois. L'excès de salive s'écoule de la gueule de l'animal non pas par gouttes comme au début, mais sous forme de longs filaments muqueux dont l'animal arrive à peine à se débarrasser en secouant la tête. Ces 15 minutes une fois écoulées, nous remarquons que la salive, sans augmenter de quantité, coule lentement sur les bords du tube, est moins visqueuse que la précédente. La salive des autres glandes, sortant de la gueule de l'animal, tombe plus facilement à terre. Pendant une heure, cette salivation continue, devenant de plus en plus fluide, mais très lentement ; si bien qu'à la fin de l'expérience qui dura 1 h. 36′, la salive était à peu près analogue à celle de la sixième minute.

Cette expérience nous montrait qu'il devait y avoir un maximum de viscosité pour cette salive.

Nous avons répété cette expérience plus de vingt fois et nous avons dosé la mucine aux différents moments de la sécrétion. Ces expériences ont confirmé les données de la première, avec quelques particularités ; elles permettent en plus de se rendre compte du travail des cellules productrices de mucigène.

La mucine a été dosée par précipitation par l'acide acétique en excès, et par dessiccation à 100° (1). Les chiffres donnés sont rapportés au centigramme de mucine desséchée par centimètre cube de salive.

Voici les chiffres des dosages de mucine correspondant aux expériences citées plus haut. Les prises de salive sont faites de 5 en 5 minutes de façon à recueillir toute la salive qui s'écoule. On peut donc connaître non seulement la quantité de mucine sèche par centimètre cube à un moment t ; mais aussi la quantité totale de mucine excrétée jusqu'au temps t.

Médor (1 centigramme).   Fritz (2/3 centigramme) (2)

Temps	Quantité sécrétée	Mucine par cc.	Mucine totale	Quantité sécrétée	Mucine par cc.	Mucine totale
5'	6	0,16	0,96	2	0	0
10'	7,8	0,6	4,68	2,5	0,16	0,40
15'	4	0,66	2,64	7	0,75	5,25
20'	3	0,87	2,61	5,4	0,75	4,05
25'	3	0,87	2,61	4	0,75	3,00
30'	3,2	0,90	2,88	3,5	0,77	2,69
35'	3	0,75	2,25	3,8	0,80	3,04
40'	3,7	0,75	2,71	3,7	1,80	6,66
45'	3,8	0,62	2,36	3	1,90	5,7
50'	3,6	0,25	0,90	3,1	1,20	3,72
55'	3,7	0,19	0,73	3	1,30	3,9
60'	3,8	0,20	0,68	2,9	0,9	2,6

(1) Voir chap. I, *le procédé de dosage.*
(2) Cf. les courbes n°s 3 et 4.

Nous voyons que dans la salive du début il y a des traces quelquefois impondérables de mucine. Puis celle-ci augmente progressivement de quantité jusqu'à un maximum et décroît ensuite très lentement. Ce maximum est un peu variable. Il varie avec la quantité injectée; et est plus tardif, quand on injecte des doses faibles. Il apparaît entre la 20ᵉ et la 40ᵉ minute après le début de la sécrétion. Nous avons également remarqué plusieurs fois que certains chiens, à certains moments (Fritz dans l'expérience relatée plus haut) ont un maximum très élevé (1ᶜᵍ,90 à la 45ᵉ minute), et que la courbe a à ce moment une montée brusque et peu durable. Chez d'autres chiens, le maximum ne tranche pas d'une manière si nette (Médor), et la courbe monte et descend lentement.

Quant au travail fourni par les cellules mucipares, il est au bout de 40 minutes de 21,36 centigrammes chez Médor; de 25,09 chez Fritz et au bout de 60 minutes de 25,01 centigrammes chez Médor et de 41,01 centigrammes chez Fritz. Il y a donc entre les deux chiens une différence assez sensible qui tient au maximum élevé et brusque qu'on rencontre chez Fritz.

Dans d'autres expériences, nous avons retrouvé les deux mêmes types; cependant le type à maximum élevé nous a paru le plus fréquent.

42. Activité de la salive produite par la pilocarpine. — L'activité du ferment amylolytique de la salive produite par la pilocarpine est faible, comme celle de la salive sous-maxillaire en général. Nous l'avons trouvée deux fois nulle au début; elle augmente ensuite peu à peu, passe par un maximum aux environs du maximum de la mucine, puis décroît progressivement sans jamais revenir à zéro.

Voici deux exemples :

Activité mesurée dans la 1ʳᵉ expérience : Fritz

Echantillon	Intervalles des prises de salive	Viscosité	Activité en milligr. (1)
1	2'	très fluide aqueuse	— 0,2
2	2'	un peu moins fluide	0
3	2'	plus épaisse	+ 0,5
4	5'	épaisse, peut se tourner à l'envers dans le tube	1,2
5	10'	»	4,6
6	10'	un peu moins visqueuse, coule lentement sur les bords du tube	1,7
7	10'	encore moins épaisse	1
8	15'	salives de moins	1
9	15'	en moins visqueuses	1,2
10	20'	la dernière comme 3	0,8

Activité dans l'expérience de Fritz, prises de 5 en 5 minutes, mucine en centigrammes par centimètres cube

Mucine	Activité	Mucine	Activité
0	0	0,80	2,6
0,16	0,5	1,80	2,4
0,75	0,5	1,90	1,5
0,75	0,4	1,20	0,8
0,75	0,5	1,3	0,7
0,77	1,6	0,9	1,2

(1) L'activité est mesurée en milligrammes de glucose dans la liqueur de fermentation exposée au chap. II.

Etude de la pilocarpine sur des chiens ayant subi différentes sections nerveuses. Modifications de la sécrétion provoquée par la pilocarpine sous l'influence d'excitations gustatives.

43. A. Section de la corde du tympan. — Nous avons suivi la marche de la sécrétion sous-maxillaire après injection sous-cutanée de pilocarpine sur un chien (Carton), qui du côté de sa fistule permanente avait subi une section de la corde du tympan au niveau de son anastomose avec le nerf lingual.

Si on met du sel sur la langue de ce chien, il ne salive pas du tout par sa fistule ; au contraire, ses autres glandes sécrètent abondamment ; il est facile d'en juger, car il est porteur du même côté d'une fistule du canal de Sténon.

Après une injection sous-cutanée de chlorhydrate de pilocarpine (1 centigramme) on voit, comme chez le chien normal, la sécrétion s'établir au bout de 6 minutes. L'écoulement assez abondant dans les 5 premières minutes, diminue plus vite que chez un chien normal, se maintient ensuite à un taux à peu près constant pendant trois quarts d'heure, puis diminue enfin progressivement.

Il résulte de ces faits que la quantité totale de salive sécrétée par le chien à corde coupée est inférieure à celle que dans le même temps sécrète le chien normal.

Voici quelques chiffres de comparaison :

Médor	(normal)	sécrète 33,7 cm³ en	40	minutes
Fritz	(normal)	» 31,9 »	40	»
Carton (corde coupée,		» 23,8 »	40	»

On pourrait croire à un travail moindre des cellules glandulaires, mais, dans cette expérience, un fait nous frappe de suite : La salive du début, bien que moins riche en mucine que celle qui s'écoule au bout d'un quart d'heure, est beaucoup plus riche que chez un chien normal.

Voici le tableau d'une expérience prise comme type, comparée aux deux types normaux (1) :

Chien normal à maximum lent, début après 6 minutes			Chien normal à maximum brusque, début après 3 minutes			Chien à corde coupée début après 6 minutes		
Salive secrétée de 5' en 5'	Mucine en ctg. par cm³	Mucine totale	Salive secrétée de 5' en 5'	Mucine en ctg. par cm³	Mucine totale	Salive secrétée de 5' en 5'	Mucine en ctg. par cm³	Mucine totale
6	0,16	0,85	2	0	0	7	0,76	5,33
7,8	0,6	4,68	2,5	0,16	0,40	2,8	1,10	3,08
4	0,66	2,64	7	0,75	5,25	2,4	1,57	3,77
3	0,87	2,61	5,4	0,75	4,05	3	1,57	4,71
3	0,87	2,61	4	0,75	3,0	2,9	1,09	3,16
3,2	0,90	2,88	3,5	0,77	2,69	2,1	1,2	2,52
3	0,75	2,25	3,8	0,80	3,04	2	1,2	2,40
3,7	0,75	2,71	3,7	0,80	6,66	1,6	1,2	1,92
33cc,7		21cg,36	31cc,9		25cg,09	23cc,8		26cg,89

Ce tableau montre que si la quantité de salive est diminuée par la section de la corde du tympan, la quantité de mucine sécrétée par les glandes est à peu près la même, et par conséquent que la section n'influe pas sur le travail des glandes mucipares.

On voit aussi que la pilocarpine agit directement sur

(1) Cf. la courbe n° 5.

la glande, sans l'intermédiaire de la corde du tympan ; mais que la salive produite dans ce cas par la glande est moins riche en eau que chez le chien normal. Il est possible qu'en plus de son action sur la cellule glandulaire, la pilocarpine ait aussi une action directe sur les nerfs sécrétoires d'eau contenus dans la corde, et que chez le chien normal, cette action se surajoute à la première, qui est fondamentale, pour produire en particulier la salivation aqueuse du début.

44. — Nous avons essayé, sur un chien normal soumis à l'action de la pilocarpine, d'agir par voix réflexe sur la corde du tympan, et de modifier par là même la salive sécrétée, pendant le temps de l'excitation. Pour cela nous avons fait ingérer au chien, de temps à autre, une pincée de sel marin.

Voici une expérience faite sur Fritz, avec les dosages de mucine. Avant l'injection, à 3 heures 47 minutes, on donne à l'animal du sel qui produit 3,7 centimètres cubes de salive contenant 0,54 centigramme de mucine par centimètre cube.

Puis à 3 heures 50 minutes on injecte 1 centigramme de pilocarpine (1).

(1) Cf. aussi la courbe n° 7.

Inter-valles	Heures	Détails de l'expérience	cc. sé-crétés	Mucine en cg par cc
	3,47'	Sel (1er tube)		
3'	3,5 0'	Retiré le 1er tube. Injection de 0cg,75 de pilocarpine	3,7	0,54
6'	3,56'	Début. Sécrétion surtout parotidienne	»	»
7'	4,3'	Début. Sous-maxillaire véritable retiré le 2e tube	1,3	0,33
5'	4,8'	Retiré le 3e tube	3	
4'	4,12'	Retiré le 4e tube	6	1,08
4'	4,16'	Sel — retiré le 5e tube	6	
1'1/2	4,17'30"	Retiré le 6e tube	3	0,60
6'	4,23'30"	Retiré le 7e tube	6	1,16
8'	4,31'30"	Retiré le 8e tube — sel	6,5	
2'1/2	4,34'	Retiré le 9e tube	3,2	0,62
10'	4,44'	Retiré le 10e tube	7	0,35
10'	4,54'	Retiré le 11e tube	7	
1 3	5,7'	Retiré le 12e tube	7	0,35
16'	5,23'	Retiré le 13e tube — sel	7	
2'	5,25'	Retiré le 14e tube	3,5	0,57
11'	5,36'	Retiré le 15e tube	3,5	0,42

Si on représente cette expérience par une courbe, il apparaît nettement que, tandis que la courbe de la sécrétion monte à chaque ingestion de sel, la courbe de la mucine descend au contraire, jusqu'à atteindre environ la teneur en mucine de la salive de sel. Au moment de la dernière ingestion, au contraire, la courbe de la mucine monte en même temps que celle de la sécrétion jusqu'à atteindre la même teneur en mucine que dans les ingestions précédentes ; mais, à ce moment, la teneur en mucine de la salive provoquée par la pilocarpine est moins élevée que celle de la salive de sel. Si on regarde sur la courbe les points ABCD correspondant aux diverses ingestions de sel, avec ou sans l'action secondaire de la pilocarpine, on voit qu'ils sont presque exactement sur une parallèle à l'axe des temps.

Cette expérience montre, que sur un chien sécrétant sous l'influence de la pilocarpine, on peut modifier cette sécrétion sous l'influence d'excitations extérieures nerveuses. Ces excitations se surajoutent sans doute par moments à l'excitation glandulaire, et il est vraisemblable que la salive du début observée sur le chien normal après l'injection de pilocarpine est due à une excitation nerveuse secondaire provoquée par le poison et arrivant à la glande par la corde du tympan.

Nous avons répété l'expérience avec le chien à corde du tympan coupée ; là encore la parotide modifie sa sécrétion qui augmente ; mais on n'observe aucun changement ni dans la vitesse d'écoulement, ni dans la viscosité de la salive sous-maxillaire du côté de la lésion.

Outre son action directe sur les éléments sécrétoires, la pilocarpine aurait donc une action soit sur les nerfs sécrétoires, soit sur les filets vaso-dilatateurs contenus dans la corde.

45 B. Résection du ganglion cervical supérieur du sympathique. — Nous avons étudié l'action de la pilocarpine après résection du ganglion cervical supérieur du sympathique sur Fritz, qui avant cette opération avait été déjà étudié à ce point de vue. L'opération a été faite le 23 mai 1902.

Voici une expérience du 4 juin 1902 (1) :

(1) Cf. la courbe n° 6.

Fritz

A Avant la résection, 0ᶜᵍ,75 de pilocarpine, début au bout de 3′			B Après la résection 1 centigramme de pilocarpine début au bout de 9′		
Centimètres cubes secrétés de 5′ en 5′	Centi- grammes de mucine par cm³	Mucine totale	Centimètres cubes secrétés de 5′ en 5′	Centi- grammes de mucine par cm³	Mucine totale
2	0	0	6,7	0,74	4,96
2,5	0,16	0,40	7,7	1,29	9,93
7	0,75	5,25	5,5	1,44	7,92
5,4	0,75	4,05	3		3,75
4	0,75	3,00	2,6	moyenne 1,25	3,25
3,5	0,77	2,69	3		3,75
3,8	0,80	3,04	3		3,90
3,7	1,80	6,66	3,4	moyenne 1,30	4,42
3	1,90	5,7	3		3,90
34,9		30,70	37,9		47,78

Cette expérience nous révèle plusieurs faits intéressants. La quantité de salive est à peu près la même dans les deux cas. Le début de la sécrétion est plus tardif. Ce dernier fait paraît en rapport avec la disparition de la salive claire du début. On dirait que les 10 premières minutes de l'expérience A manquent. Il en résulte ce fait curieux que la suppression du sympathique supprime également la salive claire que d'après les expériences précédentes nous pouvions attribuer à une action de la pilocarpine sur la corde du tympan.

Que la corde soit supprimée, ou le sympathique, la salive claire du début n'existe plus. La question devient donc complexe et il faut admettre une action réciproque de la corde et du sympathique l'un sur l'autre ; action qui a peut-être lieu au niveau des centres vaso-moteurs périphériques. Il est également possible que la pilocarpine ait une action directe sur le sympathique. Le taux moyen de la mucine paraît aussi un peu plus élevé qu'à l'ordinaire, et c'est un fait en concordance avec les résultats qu'ont donné les expériences avec les excitants gustatifs sur le même chien. Mais le point important à noter, c'est l'excrétion plus considérable de la mucine totale (45 centigr. 78 au lieu de 30 centigr. 70) (1). Le travail des cellules glandulaires mucipares est plus considérable, comme si constamment, sur le chien normal, le sympathique avait une action frénatrice et régulatrice sur la sécrétion de la mucine.

II. ATROPINE

46. Action de l'atropine sur le chien normal. — Sur des chiens porteurs de fistules salivaires permanentes du canal de Wharton, nous avons pratiqué des injections sous-cutanées de sulfate d'atropine, et, une fois la dilatation pupillaire largement obtenue, nous avons donné à ces chiens différents excitants, en particulier la viande et le sel, qui, nous l'avons montré plus haut, donnent normalement des salives très différentes par leur abondance et leur viscosité. La salive provoquée par le sel est abon-

(1) Même si on néglige les 10 premières minutes, et qu'on ajoute la quantité de mucine sécrétée par Fritz dans l'expérience **A**, pendant les 10 minutes suivantes, on obtient le chiffre de 37 centigr. 9 encore notablement inférieur à 45 centigr. 8.

dante et fluide, celle que l'on obtient par la viande est peu abondante et visqueuse.

Une expérience a été faite d'abord sur un chien de 16 kilogrammes, avec une injection de 1 centigramme de sulfate d'atropine (5 centimètres cubes d'une solution à 1 p. 500).

Au bout d'un quart d'heure, la pupille est très dilatée ; dans l'intervalle, s'écoulent deux ou trois gouttes de salive assez épaisse. On donne alors à l'animal, par petits morceaux, environ 150 grammes de viande ; il s'écoule lentement environ 1 centimètre cube d'une salive très épaisse, opaque et très adhérente aux parois du tube.

Le chien paraît très gêné pour avaler la viande. Quelques grains de sel étant mis alors sur la langue, au lieu de l'abondance de la salive claire, normale, nous voyons la sécrétion épaisse s'arrêter, (il s'en écoule encore une goutte), puis il ne s'écoule plus une seule goutte de salive. L'expérience est répétée deux fois de suite avec les mêmes résultats.

On présente alors à l'animal du sucre qu'il refuse énergiquement. Il refuse également la viande qui lui fait cependant envie. Au bout d'un quart d'heure, il accepte un peu de viande, qui fournit deux gouttes de sécrétion très épaisse. Les suites de l'injection sont très douloureuses, l'animal crie, on est obligé de le piquer à la morphine. Dans les expériences suivantes, faites sur deux chiens, nous n'avons injecté que 2 centimètres cubes de la solution à 1 p. 500.

Dans toutes nos expériences, nous avons toujours constaté les résultats suivants : la dilatation pupillaire une fois obtenue, c'est-à-dire au bout de vingt-cinq à trente minutes, qu'on donne de la viande ou du sel, il s'écoule toujours quelques gouttes (3 ou 4) de salive ; cette salive est très épaisse, visqueuse, descendant avec peine le long des parois du tube. Dans tous les cas, qu'on donne la viande avant ou après le sel, la sécrétion fournie par la viande est toujours *plus abondante* que celle qui est fournie par le sel. On voit donc que si l'atropine, à cette dose, n'arrête pas complètement la sécrétion produite par le sel, elle en modifie considérablement les propriétés physiques, la richesse en mucine et surtout la quantité.

Voici le protocole d'une expérience du 16 juin 1902.

Avant l'expérience, 20 grammes de sel produisent 6 centimètres cubes de salive en 3 minutes contenant 0 centigr. 3 de mucine par centimètre cube. 25 minutes après une injection sous cutanée de 5 milligrammes de sulfate d'atropine, les pupilles sont dilatées. On donne alors :

Viande 100 grammes . . 5 gouttes de salive très visqueuse
Quinine 0^{gr},50 . . . . 2 à 3 gouttes très visqueuses
Sel 10 grammes . . . 3 gouttes très visqueuses

47. Action de l'atropine sur des chiens ayant subi différentes sections nerveuses. — A. Chien à corde du tympan coupée. — Ce chien ne secrète pas par voie réflexe. L'injection d'atropine ne fait apparaître aucune sécrétion.

B. Chien à sympathique réséqué. — *Expérience type* (16 *juin* 1902) *Fritz.* — Avant l'injection, on donne 20 grammes de sel marin, qui donnent 5 centim. cubes 5 de salive en

3 minutes, contenant 0 centigr. 9 de mucine par centimètre cube.

Puis on injecte sous la peau 3 centimètres cubes de sulfate d'atropine à 1/500.

Au bout de 20 minutes, les pupilles sont dilatées.

On donne alors 100 grammes de viande. Il ne s'écoule pas une goutte de salive ; puis 0 gr. 50 de quinine, suintement presque imperceptible. L'animal refuse la viande.

Nouvel essai au bout de 35 minutes.

Viande. . . pas une goutte
Quinine . . suintement très léger, pas même une goutte.

Lorsque le sympathique n'intervient pas, l'atropine supprime donc toute sécrétion réflexe.

Ce fait peut être rapproché de l'ancienne expérience de Heidenhain, répétée sur le chat par Langley : même après l'injection de 10 centigrammes de poison dans les veines, on peut encore obtenir la sécrétion sous-maxillaire en excitant le sympathique cervical. Il est certain que le sympathique joue un rôle important dans l'action de l'atropine, et d'autre part qu'il est très résistant à ce poison ; mais d'un autre côté, le chien privé de sa corde ne salive plus par voie réflexe, et il est difficile d'admettre que l'injection d'atropine suffise à réaliser un de ces réflexes. Quoi qu'il en soit, dans les mêmes conditions, nous avons toujours observé le même fait.

48. Arrêt de la sécrétion produite par la pilocarpine par injection sous-cutanée d'atropine. — 1° *Chien normal.* — Sur un chien normal à fistule permanente sécrétant sous l'influence de la pilocarpine, on obtient très facilement l'arrêt de la sécrétion par injection d'atropine.

L'arrêt de la sécrétion coïncide à peu près avec le moment où la dilatation pupillaire apparaît. Presque immédiatement après l'injection, la sécrétion diminue et disparaît progressivement.

Voici le protocole d'une expérience.

28 avril 1902. — Chien de 15 kilogrammes, injection de 1 centigramme de chlorhydrate de pilocarpine

inter-valles	H. M.	Détails de l'expérience	Centimètres cubes secrétés	Centigrammes de mucine sèche par centimètre cube
	3,12′	injection		
5′	3,17′	début de la secrétion		
4′	3,21′	retiré le 1er tube	9	0,30
3′	3,24′	retiré le 2e tube	5,1	0,49
6′	3,30′	retiré le 3e tube	5,2	0,87

Injection de 3 centimètres cubes de sulfate d'atropine à $^1/_{500}$

inter-valles	H. M.	Détails de l'expérience	Centimètres cubes secrétés	Centigrammes de mucine sèche par centimètre cube
12′	3,42′	retiré le 4e tube	3	0,50
10′	3,52′	retiré le 5e tube — arrêt	2	0,50
3′	3,55′	pupilles dilatées		
7′	4,2′	ingestion de sel	pas une goutte de salive	
3′	4,5′	50 grammes de viande crue	10 gouttes très visqueuses	
10′ (1)	4,15′	sel	3 gouttes très visqueuses	

(1) Cf. la courbe, n° 8.

L'arrêt s'est donc produit au bout de 22 minutes, et après ce moment, l'animal se comporte comme s'il avait reçu seulement de l'atropine.

2° *Chien à corde du tympan coupée.* — Sur un chien à corde du tympan coupée qui sécrète sous l'influence de la pilocarpine, on peut également obtenir l'arrêt de la sécrétion par injection d'atropine.

Comme chez le chien normal, la sécrétion cesse un peu avant que la dilatation pupillaire soit largement obtenue et diminue progressivement, mais l'arrêt se produit plus vite que sur un chien normal.

Expérience du 30 avril 1902. — Chien de 18 kilogrammes, injection de 1 centigramme de chlorhydrate de pilocarpine

Inter-valles	H. M.	Détails de l'expérience	Centimètres cubes secrétés
	2,13′	injection	
5′	2,18′	début de la sécrétion	
5′	2,23′	retiré le 1er tube	3,5
5′	2,28′	retiré le 2e tube	4,2
7′	2,35′	retiré le 3e tube	5,1

Injection de 3/5 cg. d'atropine

Inter-valles	H. M.	Détails de l'expérience	Centimètres cubes secrétés
5′	2,40′	retiré le 4e tube	2,1
5′	2,45′	retiré le 5e tube arrêt	0,2
3′	2,48′	pupilles dilatées	pas
2′ (1)	2,50′	viande et sel	une goutte de salive

(1) Cf. la courbe, n° 9.

Cette fois l'arrêt s'est produit en 10 minutes.

L'atropine n'agit donc pas seulement sur la corde, puisqu'elle est encore antagoniste de la pilocarpine, quand ce nerf est coupé. L'atropine agirait donc à la fois, comme la pilocarpine, sur les nerfs et les éléments glandulaires.

CONCLUSIONS

—

49. — A. *Pilocarpine.* — 1. Les chiens sécrétant sous l'influence de la pilocarpine ont une sécrétion qui varie quantitativement avec le temps et suit une courbe à peu près toujours la même pour la même dose.

2. La quantité de salive sécrétée sous l'influence de la pilocarpine en un temps donné pour des chiens de poids égal, et à doses égales de poison, est presque constante et cette quantité est considérable.

3. Pendant le même temps, avec la même dose de poison, la parotide sécrète plus de deux fois moins que la sous-maxillaire.

4. Aux différents moments de la sécrétion correspondent des salives sous-maxillaires de viscosité inégale. Il y a un maximum tantôt brusque, tantôt plus lent de la quantité absolue de mucine sécrétée.

5. L'activité de la salive produite par la pilocarpine est

faible ; elle a aussi un maximum qui correspond au maximum de mucine.

6. Sur un chien à corde du tympan coupée, la sécrétion se produit sous l'influence de la pilocarpine. Elle présente quelques différences avec la sécrétion du chien normal.

α) Elle est plus visqueuse surtout au début.

β) La quantité totale de salive sécrétée jusqu'au temps t, est inférieure à celle du chien normal.

γ) La quantité absolue de mucine secrétée augmente surtout au début.

δ) La quantité totale de mucine sécrétée jusqu'au temps t est la même que celle du chien normal.

7. La pilocarpine agit à la fois sur les cellules glandulaires et sur la corde du tympan.

8. On peut modifier la sécrétion produite par la pilocarpine, en faisant ingérer aux chiens diverses substances, c'est-à-dire en agissant sur la corde. Les modifications sont qualitatives et quantitatives.

9. Sur un chien à sympathique réséqué, la sécrétion se produit sous l'influence de la pilocarpine, mais diffère aussi de celle du chien normal.

α) La quantité totale de salive sécrétée jusqu'au temps t reste la même.

β) La quantité absolue de mucine sécrétée augmente.

γ) La quantité totale de mucine sécrétée jusqu'au temps t est plus forte que chez le chien normal.

10. Le sympathique à l'état normal semble modérer et régulariser la sécrétion de la mucine.

B. *Atropine*. — 1. Même à la dose d'un centigramme,

l'atropine ne supprime pas complètement la sécrétion produite par les excitants gustatifs.

2. La sécrétion est cependant très diminuée ; elle est
plus abondante avec la viande qu'avec le sel.

3. Quel que soit l'excitant, la salive est toujours la même,
opaque et visqueuse.

4. La résection du sympathique combinée à l'action de
l'atropine, supprime tout réflexe sécrétoire avec les excitants gustatifs.

5. L'atropine arrête la sécrétion produite par la pilocarpine. Une fois l'arrêt produit, le chien se comporte comme
s'il avait reçu seulement de l'atropine.

6. Cet arrêt se produit encore quand la corde est coupée ;
il se produit même plus vite.

7. L'atropine, comme la pilocarpine, agit à la fois sur
les nerfs et sur les éléments glandulaires.

CHAPITRE VI

—

Expériences sur la partie centrifuge du réflexe.
Nerfs sécrétoires et vaso-moteurs

Le système nerveux règle la sécrétion salivaire, comme toutes les sécrétions, directement en agissant sur les cellules sécrétrices, et indirectement en proportionnant l'afflux sanguin aux besoins de la glande par l'intermédiaire des vaso-moteurs.

50. Historique de la question. — L'innervation de la glande sous-maxillaire, la plus étudiée certainement depuis 1851, a toujours servi de modèle à la physiologie nerveuse des sécrétions. De très nombreux auteurs se sont occupés de cette question ; et il en est résulté des découvertes très importantes et d'une portée générale considérable.

Trois grands noms se retrouvent surtout en tête de cette étude : Ludwig, Claude Bernard et Heidenhain.

En 1851, Ludwig (1) constate que la section du lingual, au dessus du point où aboutissent les rameaux venant de la glande sous-maxillaire, arrête la sécrétion salivaire. La

(1) Ludwig. — *Zeitsch. für rat. Medizin*, 1851, 259.

section du nerf lingual arrête la sécrétion et par contre
l'excitation du bout glandulaire du nerf coupé détermine
une forte sécrétion. Ludwig en conclut que le lingual est
un nerf excito-sécrétoire.

Claude Bernard (1), en 1852, montre que le rôle excito-
sécrétoire, attribué au nerf lingual, doit en réalité être attribué à la corde du tympan, filet anatomiquement distinct,
dans une partie de son parcours, intermédiaire au facial
et au lingual.

Quel est maintenant le mécanisme de cette sécrétion ?
Claude Bernard répond à cette question (1858). Il excite
la corde du tympan et observe la sécrétion salivaire ; mais
il a mis la glande à nu et remarque que dans les intervalles de repos le sang qui en sort est noir et coule lentement, qu'au contraire, pendant le temps de l'excitation,
le sang sort rutilant et en abondance.

Le même fait s'observe avec les excitations réflexes de la
corde. La salive qui s'écoule pendant ce temps est limpide
et aqueuse ; et la pression est accrue dans le canal de
Wharton.

Claude Bernard en conclut que la corde du tympan excite
la sécrétion salivaire indirectement, au moyen de la vaso-
dilatation.

Elle détermine une dilatation des vaisseaux et le sang
qui circule quatre fois plus vite, reste rouge par cela-
même.

L'hypothèse de Claude Bernard était d'autant plus vrai-

(1) Cl. Bernard. — *Biologie*, 1856, 29 ; 1857, 85 ; 1873, 173 et
Liq. de l'Org., t. II.

semblable, que d'après les recherches de Czermak (1) en 1857, l'excitation du sympathique, vaso-constricteur énergique, semblait arrêter la sécrétion fournie par la corde du tympan.

Cependant Ludwig montre qu'elle est inexacte : la corde du tympan, quand elle est excitée, produit deux actions indépendantes et bien distinctes ; l'une sur les vaisseaux, l'autre sur les glandes sécrétrices.

Si on empêche en effet mécaniquement le sang d'arriver à la glande, ou si on opère sur une tète décapitée, la sécrétion se produit quand même.

D'autre part, la pression du sang dans la carotide est inférieure à la pression de la salive dans le canal de Warthon, quand on excite la corde (2).

Enfin, Heidenhain (3) (1868), après que Keuchel (4) eût démontré le rôle paralysant de l'atropine sur la corde, vint encore confirmer l'opinion de Ludwig en montrant que l'atropine, tout en supprimant la sécrétion, laissait intacts les vaso-dilatateurs contenus dans la corde et ne modifiait pas la circulation de la glande.

A l'heure actuelle, il est admis par tout le monde que la corde du tympan contient à la fois des filets excito-sécrétoires et des filets vaso-dilatateurs.

La salive qui s'écoule quand on excite la corde du tym-

---

(1) Czermak, *Sitzung bereits d. Wiener Acad.*, 1878.
(2) Ludwig. — *Loc. cit.*, 1851, p. 271.
(3) Heidenhain. — *Studien d. phys. Inst. zu Breslau*, 1868, 4, p. 88.
(4) Keuchel. — *Das Atropin und die Hemmungsnerven*, p. 32, 1868. Dorpat.

pan est fluide, aqueuse sauf les 2 ou 3 premières gouttes qui sont opalescentes. Cependant, la teneur en matières organiques de cette salive est assez variable. Elle varie avec la durée de l'excitation et avec sa force, comme nous l'avons dit au chapitre I.

La corde du tympan n'est pas le seul nerf excito-sécrétoire de la glande sous-maxillaire. — Le sympathique cervical et en particulier certains rameaux qui passent par le ganglion cervical supérieur ont une action sur la sécrétion sous-maxillaire.

Czermak a étudié le premier l'action de l'excitation du sympathique. Il a vu que, si on excite le sympathique cervical, la glande devient bientôt très blanche par constriction vasculaire; puis lentement il se produit une sécrétion. Mais elle est très différente de celle qu'on obtient par excitation de la corde; elle est visqueuse, très opaque, très riche en principes solides. Même si on prolonge cette excitation, au bout d'un temps, la sécrétion s'arrête.

Czermak a aussi remarqué que si on provoque la sécrétion par excitation de la corde et si on excite en même temps le sympathique cervical, la sécrétion diminue beaucoup et tend à s'arrêter.

Il crut que le sympathique était vis à vis de la corde du tympan un nerf inhibiteur, comme le vague vis à vis des filets excito-moteurs du cœur.

Eckhard (1), qui étudiait de son côté l'action du sympathique tenta d'expliquer l'expérience de Czermak par la différence d'aspect entre les salives cérébrale et sympa-

(1) Eckhard. — *Beitrag. zu Anat. und Phys*, II. p. 95. 1860.

thique. C'est parce que la salive sympathique est très visqueuse qu'elle s'écoule lentement ; elle épaissit la salive cérébrale.

Heidenhain émit alors l'hypothèse que cette prétendue action inhibitrice du sympathique était probablement due à la vaso-constriction intense qui accompagne l'excitation du sympathique.

Cette hypothèse tend à être confirmée par les expériences de Langley (1) sur le chat. La prétendue inhibition ne se produit que quand l'excitation du sympathique et celle de la corde sont relativement fortes. Au contraire, si les excitations des deux nerfs sont les excitations minima pour obtenir la sécrétion, les effets des excitations des deux nerfs s'ajoutent et la sécrétion augmente au lieu de diminuer

Dans ce cas, l'aspect de la glande n'a pas changé, et la vaso-constriction ne s'est pas produite.

Quoi qu'il en soit, il résulte des faits recueillis par l'étude du sympathique, que ce nerf, comme la corde du tympan contient à la fois des filets excito-sécrétoires et des filets vaso-moteurs.

Si on sectionne les deux cordes du tympan, et si l'on veut en même temps les filets sympathiques des deux côtés, la sécrétion qui se supprime tout d'abord réapparaît du 2° au 3° jour et persiste pendant plusieurs semaines.

Cette sécrétion est lente (une goutte toutes les 10 minutes), continue, très aqueuse. Cl. Bernard (2), qui l'a découverte, lui a donné le nom de sécrétion paralytique.

(1) Langley. — *Unters. a. d. phys. Inst. zu Heidelberg* I. 479. 1878.

(2) Cl. Bernard. — *Journal An. et Phys.* 1864 p. 507.

Le sympathique et la corde du tympan sont des nerfs excito-sécrétoires quand on les excite directement. Que se passe-t-il quand on les excite par voie réflexe? On savait déjà que la corde était excitable par voie réflexe; mais c'est surtout par Heidenhain que la question a été étudiée en détails.

Tout en faisant ces recherches, Heidenhain émet l'hypothèse que, même en dehors des nerfs vaso-moteurs, la corde et le sympathique contiennent chacun deux sortes de filets excito-sécrétoires. Les uns contribueraient à la sécrétion de l'eau et des sels, ce sont les nerfs sécrétoires simples; les autres tiendraient sous leur dépendance la sécrétion des matières organiques, des ferments et dans le cas qui nous occupe surtout de la mucine; ce sont les nerfs mucipares ou « trophiques ».

Heidenhain (1) essaie de vérifier cette hypothèse.

Il excite le bout central du sciatique et observe la sécrétion réflexe de la glande sous-maxillaire.

Voici quels sont ses résultats :

1° Par l'excitation d'un nerf sensitif, les filets sécrétoires et les filets trophiques de la corde sont excités par voie réflexe, car on obtient de la glande sous-maxillaire, après section du sympathique, par l'excitation du sciatique, une salive qui, si l'excitation sensitive est augmentée, non seulement coule plus vite, mais aussi est plus riche en éléments organiques. Ce dernier point montre le concours des filets trophiques.

(2) Heidenhain. — *Hermann's Handbuch*. B. V. — I. 1880, p. 86-87.

2° Les filets sécrétoires du sympathique ne sont pas excités par voie réflexe, car la section de la corde supprime tout réflexe sécrétoire.

3° Au contraire, les filets trophiques du sympathique sont excités par voie réflexe. Si on coupe chez un chien le sympathique d'un côté et si on recueille les deux sécrétions par excitation du sciatique, la sécrétion du côté où le sympathique est paralysé est constamment plus pauvre en matières organiques que du côté sain. Cette différence peut s'expliquer seulement par le concours des filets trophiques du sympathique.

4° Par l'asphyxie, on obtient une sécrétion plus pauvre comme quantité, mais plus riche en matières organiques qu'avec une forte excitation de la corde. Cette différence est plus forte quand on conserve le sympathique, mais existe encore quand on le sectionne. Les filets sécrétoires simples sont donc moins excités que par la voie réflexe; les filets trophiques au contraire le sont davantage.

L'hypothèse de Heidenhain semble vraisemblable puisque les sécrétions de l'eau et des matières organiques, ne varient pas toujours suivant un rapport constant, pour des excitations différentes d'un même nerf.

Il y aurait donc dans la corde du tympan comme dans le sympathique trois ordres de filets ; les filets sécrétoires d'eau, les filets mucipares et les filets vaso-moteurs.

Parmi ces derniers, les vaso-constricteurs dominent dans le sympathique, les vaso-dilatateurs dans la corde.

En plus de ces divers filets existe-t-il des nerfs d'arrêt glandulaires ?

La notion des phénomènes d'arrêt glandulaires date de

Czermak qui, par excitation du sympathique, diminue la sécrétion produite par la corde à tympan. Gley (1), en 1889, a repris l'étude de cette question. Il a montré que, sur un chien sécrétant par la pilocarpine, ont peut arrêter cette sécrétion par excitation du sympathique cervical.

D'autre part, on sait que l'excitation du sciatique sectionné provoque la sécrétion salivaire ; or, si la glande sécrète par excitation de la corde ou par la pilocarpine, l'excitation du bout central du sciatique diminue la sécrétion ou l'arrête même dans certains cas. Des irritations abdominales diverses peuvent aussi d'après Pawlow (2) suspendre la sécrétion salivaire.

De même Morat a constaté des phénomènes d'arrêt sécrétoire sur la parotide ; mais il n'affirme pas que cette action inhibitrice ne soit pas due à une vaso-constriction. Il est à remarquer que dans toutes ces expériences, on n'obtient jamais l'inhibition que par voie réflexe.

En dehors des nerfs sécrétoires, on a découvert et étudié des centres salivaires. Rappelons que divers auteurs (Lépine (3), Heidenhain, Bochefontaine (4), Bechterew (5), Arloing) on trouvé divers points de l'écorce qui, excités, produisent l'hypersécrétion directe et surtout croisée. Claude Bernard a découvert au niveau du plancher du 4e ventricule un point dont la piqûre provoque la salivation. Enfin, il y a des centres périphériques, comme le ganglion sous-

---

(1) Gley. — *Arch. de Physiologie*, 1889. p. 151.
(2) Pawlow. — *Arch. f. der ges. Phys.*, XVI, 1878, p. 272.
(3) Lépine. — *Biologie*, 1875, 257.
(4) Bochefontaine, *Arch. de Physiologie*, 1876.
(5) Bechterew. — *Neurolog. Centralblatt*, 1888.

maxillaire dont le rôle a été et est encore discuté, (Cl. Bernard (1), Schiff (2), Langley (3), Wertheimer (4)), et les ganglions sympathiques. (ganglion cervical supérieur).

RECHERCHES PERSONNELLES

51. — Avec la méthode des fistules permanentes, comme nous l'avons déjà dit au début, nous ne pouvons étudier les nerfs centrifuges que par des excitations réflexes, sur des animaux qui ont subi une section d'un des nerfs dont les filets se rendent à la glande, c'est-à-dire une section de la corde du tympan ou une résection du ganglion cervical supérieur du sympathique. Cette section peut être mécanique, ou physiologique, par l'action inhibitrice d'un alcaloïde. Les avantages de la méthode sont : l'expérience renouvelable à volonté, la possibilité d'employer des excitants gustatifs qui sont les excitants normaux, enfin l'exclusion des anesthésiques, qui agissent certainement plus ou moins sur la sécrétion.

Nous allons passer en revue diverses expériences dont nous essayerons de tirer quelques conclusions.

EXPÉRIENCE I. — *Section de la corde du tympan.* — Sur un chien opéré le 10 mars 1902 d'une double fistule sous-maxillaire et parotidienne, nous avons pratiqué le 11 avril 1902 la section de la corde du tympan dans le

---

(1) Cl. Bernard. — *J. de la Physiologie.* 1862, 400.
(2) Schiff. — *Phys. de la digestion*, 1875, p. 282. T,I.
(3) Langley. — *J. of Phys.* XI, 123.
(4) Wertheimer. — *Arch. de physiologie* 1890, 519.

triangle du nerf lingual et du canal de Wharton. Huit jours après, la plaie étant réunie, on voyait au niveau de la fistule une goutte de salive claire et à peine visqueuse s'écouler à intervalles éloignés de 15 à 20 minutes. Le chien était en état de sécrétion paralytique.

EXPÉRIENCE II. — *Excitations gustatives.* — En donnant au chien tous les aliments ou excitants possibles, on ne recueillait aucune goutte de salive sous-maxillaire, tandis que par l'orifice du canal de Sténon s'écoulait une salive abondante. Au bout d'un quart d'heure apparaissait une goutte, mais elle apparaissait aussi bien si on ne donnait rien à l'animal.

De ces deux expériences résulte clairement ce fait que *la suppression de la corde entraine la suppression de toute sécrétion réflexe. Le sympathique seul n'est donc pas un nerf sécrétoire par voie réflexe.*

52. EXPÉRIENCE III. — *Section physiologique de la corde par l'atropine.* — Il nous a été impossible d'employer de très fortes doses que le chien supporte mal. Déjà avec 1 centigramme, le chien est très malade.

Dans la seule expérience que nous ayons faite avec cette dose, nous avons vu (chap. V) que la viande produisait encore une sécrétion réflexe dont nous avons pu recueillir 1 centimètre cube et apprécier les qualités physiques. Cette salive est très épaisse, très opaque, adhérente aux parois du tube.

Avec des doses plus faibles (2 centimètres cubes de solution à 1 pour 500) nous avons toujours obtenu, quel que soit l'excitant, quelques gouttes de salive. Fait intéressant, la viande semble toujours fournir quelques gouttes de plus que les sels. De plus, quel que soit l'excitant, la salive est toujours la même, épaisse, visqueuse, descendant à peine le long des parois du tube.

Que se produit-il dans ce cas? La corde n'est-elle pas entièrement paralysée? Certains filets résistent-ils mieux à l'action du poison?

Un fait curieux autant que difficile à expliquer, est que cette sécrétion est *totalement supprimée quand le ganglion cervical a été réséqué.*

53. Expérience IV. — *Régénération lente de la corde du tympan après la section.* — Nous avons pu suivre cette régénération sur Carton, le chien qui avait servi aux expériences I et II.

Le bout glandulaire avait été lacéré à la pince à griffes sur une étendue de 1 centimètre, mais sans résection nerveuse.

Aucune salivation réflexe ne nous est apparue avant le 8 juin 1902, c'est-à-dire deux mois après la section.

Le 8 juin, la viande crue provoquait une sécrétion de 1 centimètre cube en 4 minutes (2 à 3 centimètres cubes chez un chien normal), et le sel marin 1 centimètre cube en 3 minutes (3 à 5 centimètres cubes chez un chien normal).

Mais, fait intéressant, cette salive s'écoulait très lentement, quel que fût l'excitant, visqueuse, jaunâtre, très opaque. La teneur en mucine était de 0 cent. 75 par centimètre cube, à peu près la teneur de la salive sous-maxillaire obtenue par une forte excitation électrique de la corde.

Le 16 juin 1902, la quinine. . . . . . donne 1^{cc},7 de salive
            la viande. . . . . . » 1 ,7 »
            la quinine de nouveau. » 0 ,6 »
            le sel marin . . . . » 0 ,9 »

La teneur en mucine paraît la même, cependant les salives de sel et de quinine s'écoulent plus vite que celle de viande.

Le 15 juillet 1902, la sécrétion augmente ; avec le sel elle est de 3 centimètres cubes en 3 minutes, et nettement plus fluide qu'avec la viande.

Le 4 novembre 1902 enfin, la viande crue donne une salive épaisse et visqueuse, le sel une salive très fluide et abondante comme sur un chien normal.

Le 5 novembre 1902, par une incision contre la fistule, nous constatons que la corde est anatomiquement régénérée à sa place, et que l'excitation par courants induits du filet nerveux provoque une sécrétion analogue à celle du chien normal.

Le point important de cette expérience, c'est qu'on assiste pour ainsi dire à une différenciation fonctionnelle des filets contenus dans la corde. Au début, il existe une perturbation dans la sécrétion, comparable, sinon identique, à celle qu'on obtient avec l'atropine ; puis peu à peu la sécrétion se rapproche de la normale, et sa qualité devient différente suivant les excitants.

Ce qui se passe à l'état normal nous permet déjà d'admettre la réalité de l'existence des nerfs sécrétoires simples et des nerfs mucipares.

Le chien normal sécrétant une salive visqueuse ou aqueuse selon l'excitant, on est tenté d'admettre que la viande, par exemple, agit surtout, par voie réflexe, sur les filets mucipares, le sel sur les filets sécréteurs d'eau. Le sucre agirait à peu près également sur les deux ordres de filets.

Ces filets appartiennent-ils tous au filet nerveux anatomiquement distinct sous le nom de corde du tympan? C'est ce que va prouver l'observation d'un chien après résection du ganglion cervical supérieur du sympathique.

54. Expérience V. — *Résection du ganglion cervical supérieur du sympathique.* — Sur un chien opéré en décembre 1901 (Fritz) d'une fistule permanente du canal de Wharton, nous avons pratiqué le 23 mai 1902 la résection du ganglion cervical supérieur du sympathique. Huit jours après, l'animal était remis et présentait un myosis accentué du côté de la section en même temps qu'une différence de température entre les deux oreilles.

Au premier abord, ce chien ne paraît aucunement différent d'un chien normal. La glande secrète d'une façon presque continuelle, et la sécrétion semble se modifier avec les excitations extérieures de divers ordres.

La corde du tympan à elle seule sans sympathique est capable de fournir toutes les salives fluides ou visqueuses, correspondant aux divers excitants.

Entrons un peu dans les détails de ces expériences :

Expérience VI. — *Excitations gustatives chez un chien à sympathique réséqué.*

A. Quantité de salive sécrétée. — La quantité de salive sécrétée est à peu près la même que chez un chien normal. Elle serait plutôt un peu plus considérable.

Observation du 12 Juin 1902

Excitants	Centimètres cubes recueillis		Temps
	Chien normal	Chien à sympathique sectionné	
Sel, 20 grammes	5,8	6,2	3′
Viande crue	5,5	5,5	7′
Quinine, $0^{gr},50$	2,5	2,5	3′

Observation du 8 Juin 1902

Sel	4	7	3′
Quinine.	3	4	3′
Viande crue . . . , . . .	4	4	8′

B. Variations de qualité. — Les différentes salives présentent des variations qualitatives analogues à celles du chien normal, la salive de viande est très visqueuse, celle du sucre un peu moins, celle de sel plus fluide et celle de quinine encore plus aqueuse. Un seul point est à signaler : si le rapport de la quantité de mucine pour deux salives considérées est le même que chez le chien normal, la quantité absolue de mucine correspondant à une salive donnée est toujours *un peu plus forte* que chez le chien normal.

Observation du 12 juin 1902

(La salivation est provoquée par la même quantité d'excitant chez les deux chiens, pendant le même temps).

Malloizel

Excitants	Quantité de mucine sèche par centimètre cube	
	Chien normal	Chien à sympathique réséqué
Sel	0,30	0,55
Viande crue	1,10	1,30
Quinine.	0,04	0,12

Observation du 8 Juin 1902

Excitants	Chien normal	Chien à sympathique réséqué
Sel	0,33	0,90
Quinine.	0,03	0,10
Viande crue	1,30	1,89

D'autre part, comme la quantité de salive totale sécrétée chez les deux chiens est presque la même, la quantité de mucine totale sécrétée serait plus forte chez le chien à nerf sectionné que chez le chien normal. Voici les résultats :

12 Juin 1902

Excitants	Mucine totale		Temps
	Chien normal	Chien à nerf sectionné	
Sel	$1^{cg},74$	$3^{cg},41$	3'
Viande crue	6,05	7,15	7'
Quinine	0,1	0,3	3'

8 Juin 1902

Sel	1,32	6,3	3′
Quinine	0,09	0.4	3′
Viande crue	5,2	7,6	8′

Le sympathique se comporterait donc comme un *régulateur de la sécrétion des glandes mucipares* ; il contiendrait des filets inhibiteurs des filets mucipares. Au contraire Heidenhain, après une section *extemporanée*, a constaté l'inverse et en a conclu que les filets mucipares du sympathique sont excitables par voie réflexe. Nos expériences, 8, 15 jours et même un mois après la section ont toujours donné les mêmes résultats. Les expériences faites avec la pilocarpine nous amènent d'ailleurs à des conclusions analogues.

55. Expérience VII. — *Action des alcaloïdes excito-sécrétoires.* — Nous avons vu au chapitre précédent que la pilocarpine produisait la sécrétion salivaire chez le chien à corde coupée, chez le chien à corde réséqué, aussi bien que chez le chien normal. Mais les sécrétions sont un peu différentes.

A) Chez le chien normal, la salive très aqueuse au début devient bientôt plus riche en mucine. La mucine passe par un maximum puis diminue progressivement.

B) Chez le chien à sympathique réséqué, la marche de la sécrétion est la même. Elle est cependant un peu plus abondante ; la quantité absolue de mucine est aussi plus forte et l'excrétion totale de mucine par conséquent augmentée. La sécrétion d'eau est à peu près la même que chez le chien normal.

C) Chez le chien à corde du tympan coupée, la sécrétion est moins abondante, mais plus riche en mucine que chez le chien normal et d'après nos expériences la quantité totale de mucine excrétée est à peu près la même que chez le chien normal.

Quelles conclusions faut-il tirer de ces faits?

On est tenté d'admettre d'abord que la pilocarpine agit à la fois sur les filets sécrétoires simples de la corde et sur ses filets mucipares. L'influence sur les filets mucipares serait simplement un peu plus tardive.

L'expérience faite sur l'animal à sympathique réséqué ne trouble pas cette hypothèse. On constate simplement là, comme avec les excitations gustatives, que le sympathique semble avoir une action inhibitrice sur la sécrétion de la mucine.

Avec la section de la corde, au contraire, nous sommes forcés d'abandonner notre hypothèse ; car si la sécrétion de l'eau et surtout celle du début est très diminuée, la sécrétion de la mucine continue à se faire. Il se peut que la pilocarpine ait une action directe sur les glandes sécrétrices et cela est vraisemblable, puisque la sécrétion a lieu encore après la section de tous les nerfs glandulaires. Mais il est certain qu'en outre l'intermédiaire de la corde du tympan est nécessaire pour obtenir la sécrétion claire du début.

L'animal soumis à l'action de la pilocarpine peut modifier sa sécrétion sous l'influence de diverses excitations. Déjà Langley (cité par Gley, *Arch. de Phys.*, 1889) a montré que l'excitation électrique de la corde augmentait la sécrétion produite par la pilocarpine. Gley a montré que l'excitation du sciatique était capable de ralentir cette sécrétion et même de l'arrêter.

Nous-mêmes (chap. III) avons vu qu'en faisant ingérer du sel à certains moments à un chien pilocarpinisé, on augmentait la sécrétion et qu'on ramenait le taux de la mucine de cette sécrétion, au taux de mucine de la salive provoquée par le sel, avant l'injection de pilocarpine.

Dans ce cas, la voie centrifuge du réflexe est bien encore la corde du tympan, car le même fait ne se produit plus sur l'animal à corde coupée.

RÉSUMÉ

56. — 1° *La corde du tympan est nécessaire pour obtenir la sécrétion réflexe par excitations gustatives ;*

2° *La corde à elle seule, fournit les salives différentes qualitativement, correspondant aux divers excitants gustatifs ;*

3° *Si on coupe la corde* et qu'on la laisse *régénérer*, on assiste aussi à une sorte de *différenciation fonctionnelle de ses différents filets.* Au début de la régénération, la sécrétion salivaire par excitation gustative est *troublée ;*

4° *Un trouble analogue momentané et rapide* se produit à la suite d'une injection de *faibles doses d'atropine ;* sans qu'on puisse dire exactement la voie de la sécrétion qui se produit dans ce cas ;

5° *Le sympathique ne produit pas à lui seul la salivation réflexe ;*

6° Il joue cependant un rôle important : *il modère et régularise la sécrétion de la mucine* ;

7° *Combinée à l'action de l'atropine, la section du sympathique supprime* tout réflexe sécrétoire ;

8° La sécrétion salivaire peut se produire *sans l'intermédiaire des nerfs, par la pilocarpine* ;

9° Sur le chien normal, la sécrétion qui se produit *par la pilocarpine est en partie sous la dépendance de la corde du tympan* ;

10° On peut *modifier* cette sécrétion sur le chien *normal, en excitant la corde*.

On voit donc qu'à l'état normal, *la salivation réflexe se produit par la corde du tympan*. A la suite de la section de la corde, la sécrétion sous-maxillaire réflexe est supprimée.

Cependant le sympathique a aussi un rôle : *il modifie la sécrétion produite par la corde et régularise la sécrétion de la mucine*.

———

Nous avons vu que le grand sympathique semblait contenir des fibres inhibitrices de la sécrétion de la mucine. D'après certains auteurs, et en particulier Gley (1), l'excitation du sympathique serait capable de diminuer ou même de suspendre la sécrétion salivaire totale provoquée soit par la pilocarpine, soit par excitation de la corde.

(1) *Arch. Phys.*, 1889.

Contient-il des fibres fréno-sécrétoires, ou ces phénomènes d'inhibition sont-ils dûs à des phénomènes vaso-
moteurs? Nous avons déjà vu, dans l'historique, que Heidenhain et Langley pensent que les vaso-constricteurs du
sympathique, excités, sont capables de fournir des actions
analogues. Nous allons exposer, à part, quelques expériences ayant trait à cette question. Nous les avons sépa-
rées du reste de notre travail, parce que la plupart d'entre
elles, ont été faites sur des animaux anesthésiés et porteurs
de fistules temporaires.

———

Action de l'adrénaline sur la sécrétion salivaire

57. — Il est très difficile de trouver un poison qui produise uniquement une action vaso-constrictive ou vaso-dilatatrice, locale ou générale, sans agir en même temps ·sur les nerfs sécrétoires. L'atropine qui est fréno-sécrétoire n'agit pas sur la circulation; la pilocarpine au contraire est un vaso-dilatateur en même temps qu'un puissant excito-sécrétoire.

Les poisons vaso-dilatateurs qui agissent le moins sur la sécrétion sont certainement les éthers, le nitrite d'amyle en particulier, mais ils modifient en même temps le sang qui arrive à la glande.

A la suite d'une injection intraveineuse de nitrite d'amyle suffisante pour produire la vaso-dilatation générale, le sang devient noir, et les phénomènes chimiques de la sécrétion glandulaire peuvent être modifiés.

Parmi les poisons vaso-constricteurs, il en est un, connu depuis peu d'années, qui, soit localement, soit en injection intraveineuse, produit une vaso-constriction locale ou générale intense : c'est l'adrénaline. Rappelons en quelques mots ses propriétés physiologiques :

Quand on injecte par voie veineuse une dose relativement faible d'adrénaline, on constate, presque immédiatement après l'injection, un ralentissement énorme des battements cardiaques, ainsi qu'une baisse de pression sanguine et une diminution de moitié du nombre des mouvements respiratoires.

Puis, très vite, la pression augmente par grandes oscillations jusqu'à un maximum qui atteint facilement 100 et 150 millimètres de Hg; le cœur, à ce moment, est très rapide et très irrégulier. Il semble se produire alors un spasme vasculaire généralisé par action du poison sur la tunique musculaire des petits vaisseaux. Cette action est analogue à celle de la sphacélo-toxine. C'est ce qui explique qu'avec des doses un peu fortes on puisse obtenir des troubles trophiques (Ulcères cutanés aux points de pression, comme nous en avons remarqué chez un chien qui en 15 jours avait reçu trois injections intra-veineuses). Cette pression ne reste pas longtemps élevée; la vaso-constriction dure à peine 3 à 4 minutes, puis elle baisse, descend au-dessous de la normale et revient à la normale en quelques minutes.

En somme, si on emploie l'adrénaline par voie intra-veineuse, on n'a une vaso-constriction que pendant un temps très court. A supposer qu'on ait une modification de la sécrétion après l'injection, il est difficile de dire avec quoi elle est en rapport. On peut difficilement voir la glande, à moins d'anesthésier le chien; et alors rien n'assure que la vaso-constriction glandulaire se produise.

Heureusement, il est une autre propriété fondamentale de l'adrénaline; c'est de provoquer une vaso-constriction locale sur le point où elle est appliquée. Cette vaso-constriction est beaucoup plus durable que si on emploie les injections intra-veineuses.

Mais là encore il est nécessaire d'avoir la glande sous les yeux, et il faut renoncer aux fistules permanentes.

Quelques auteurs déjà ont étudié l'action de l'adréna-line sur les sécrétions : Doyon a constaté qu'elle arrêtait momentanément la sécrétion pancréatique. Langley, au contraire, aurait obtenu par l'extrait de capsules surré-nales, la salive et les larmes.

Quoi qu'il en soit, voici le résumé de quelques expé-riences faites avec l'adrénaline soit en injections intra-veineuses, soit en applications locales sur la glande dé-couverte d'un chien anesthésié porteur d'une fistule temporaire.

Nous avons employé l'adrénaline Clin en solution à 1/1000. Pour les applications locales, nous nous sommes servis de 4 à 5 gouttes de solution pure ; pour les injections intra-veineuses, nous avons employé pour un chien de 15 kilogrammes, 7 à 8 gouttes diluées dans 2 centimètres cubes de sérum artificiel et poussées len-tement dans la veine.

58. — 1. Voie veineuse. (Injection de 7 gouttes d'adréna-line diluée dans le sérum à un chien à fistule permanente, sécrétant sous l'influence de la pilocarpine) (1). Pas d'anes-thésie.

(1) Cf. la courbe n° 11.

Intervalles de temps	Détails de l'expérience	Centimètres cubes secrétés	Mucine en centigrammes par centimètre cube
	Injection de 1 centigr. de pilocarpine		
3′	1er tube. Début de la sécrétion		
2′ 30″	2e tube. Retiré le 1er tube	7,3	0,13
2′	3e tube. Retiré le 2e tube	5,2	0,76
3′	4e tube. Retiré le 3e tube	4,4	1,93
4′	5e tube. Retiré le 4e. Inj. d'adrénaline	3,7	1,8
1′	6e tube. Retiré le 5e tube	1,0	0,3
3′	7e tube. Retiré le 6e	3	1,11
3′	8e tube. Retiré le 7e	3	1,25
5′	Retiré le 8e tube	5	0,92

2. Voie veineuse. (Injections de 7 gouttes à deux reprises chez un chien à fistule temporaire anesthésié sécrétant par la pilocarpine.) (1).

Intervalles de temps	Détails de l'expérience	Centimètres cubes secrétés	Mucine en centigrammes par centimètre cube
	Injection de 1 centigr. de pilocarpine		
3′	Début de la sécrétion. 1er tube		
2′	2e tube. Retiré le 1er tube	2,2	traces
2′	3e tube. Retiré le 2e. Inj. d'adrénaline	4,1	0,36
1′	4e tube. Retiré le 3e	2,1	0,71
2′	5e tube. Retiré le 4e	3,5	0,8
2′	6e tube. Retiré le 5e	4,4	0,7
2′	Retiré le 6e tube	5,2	0,86

(1) Cf. la courbe n° 12.

Réveil de l'animal. — Chloroforme

	10 minutes après, 7ᵉ tube		
2′	Retiré le 7ᵉ tube. 8ᵉ tube	4,3	0,81
2′	Retiré le 8ᵉ tube. 9ᵉ tube	3,6	0,88
2′	Retiré le 9ᵉ tube, 10ᵉ tube	2,8	0,89
2′	Retiré le 10ᵉ tube. 11ᵉ tube	2,7	0,96
2′	Retiré 11ᵉ tube. 12ᵉ tube. 2ᵉ injection	2,6	0,97
2′	Retiré le 12ᵉ tube. 13ᵉ tube	2,0	0,9
2′	Retiré le 13ᵉ tube. 14ᵉ tube	1,9	0,78
2′	Retiré le 14ᵉ tube. 15ᵉ tube	2,3	0,87
2′	Retiré le 15ᵉ tube. 16ᵉ tube	2,1	0,95
2′	Retiré le 16ᵉ tube. 17ᵉ tube	1,7	1,05
2′	Retiré le 17ᵉ tube. 18ᵉ tube	1,8	0,94
2′	Retiré le 18ᵉ tube.	1,8	1,01

On voit que l'adrénaline, par injections intraveineuses, modifie peu la sécrétion produite par la pilocarpine. La sécrétion semble diminuer un peu de suite après l'injection et la quantité de mucine également (du moins dans l'expérience I); mais cette diminution est extrêmement faible et on ne sait au juste à quoi l'attribuer.

59. — 3. Chien anesthésié muni d'une fistule temporaire. Application locale d'adrénaline sur la glande sous-maxillaire après excitation électrique de la corde du tympan.

On excite la corde avec un courant relativement fort (5 divisions du chariot). La sécrétion est abondante et relativement visqueuse.

On compte en moyenne de 23 à 26 gouttes par minute; il y a environ 0ᶜᵍ,85 de mucine par centimètre cube.

On met alors V gouttes d'adrénaline à 1/1000 sur la glande.

Voici le nombre des gouttes comptées de minute en minute :

1re minute. 10
2e » 8
3e » 5

Puis la sécrétion s'arrête.

Au bout de 3 minutes, nous rapprochons les bobines jusqu'à la division 3. Immédiatement la sécrétion réapparaît :

Dans la 1re minute, on obtient. . . . 26 gouttes
» 2e » » . . . . 19 »
» 3e » » . . . . 10 »
» 4e » » . . . . 5 »
» 5e » » . . . . 3 »
» 6e » » . . . . 1 »

Puis l'arrêt a lieu à nouveau.

Au bout de 2 minutes, nous rapprochons les bobines au maximum. La sécrétion réapparaît aussitôt :

Dans la 1re minute, on obtient. . . . 16 gouttes
» 2e » » . . . . 14 »
» 3e » » . . . . 8 »
» 4e » » . . . . 9 »
» 5e » » . . . . 5 »
» 6e » » . . . . 3 »

puis de nouveau il y a arrêt.

Nous réséquons alors le ganglion cervical supérieur du sympathique. La glande était absolument blanche durant l'expérience. Elle devient peu à peu plus violette et au bout de 4 à 5 minutes après la section, la sécrétion réapparaît sous l'influence du même courant resté sur la corde.

Dans la première minute on obtient 23 gouttes, puis la

sécrétion reste constante, et varie de 7 à 8 gouttes par minute (1).

Dans les 5ᶜᶜ,2 de salive, recueillis après l'application d'adrénaline, la quantité de mucine était très forte et atteignait 1ᶜᵍ,95 par centimètre cube.

4. Courant faible (10 divisions) sur les deux cordes. — Fistules temporaires des deux canaux de Warthon. — Adrénaline localement sur la glande droite. — Anesthésie.

Sécrétion en gouttes par minute		Observations
Côté gauche	Côté droit	
7	6	
4	5	
5	4	
5	5	
4	4	
4	5	
5	5	Application d'adrénaline à droite
4	4	V gouttes
4	2	Glande blanche
»	1	
»	1	
»	1	
Sécrétion constante	arrêt	

Le chien se réveille et la sécrétion droite réapparaît :

(1) Cf. la courbe n° 13.

»	4	
»	3	Adrénaline de nouveau
		(glande blanche)
»	1	
»	arrêt	

On resserre les bobines, mais la sécrétion n'apparaît pas.

On résèque alors le ganglion cervical supérieur du sympathique.

Au bout de 6 à 7' la glande devient violette et la sécrétion réapparaît.

A 6 divisions des bobines on obtient. . .	8 gouttes
» . . .	6 »
» . . .	5 »
» . . .	4 »
» . . .	3 »
» . . .	4 »
» . . .	4 »

et la sécrétion reste à nouveau constante (1).

5. (2) Sécrétion provoquée par la pilocarpine. — Adrénaline localement. — Anesthésie.

Injection de 1 centigramme de pilocarpine. — On attend la période d'écoulement constant et on remarque alors que la sécrétion s'effectue à raison de 8 gouttes par minute. A ce moment, la salive contenait $1^{cg},17$ de mucine par centimètre cube. La glande est rosée.

---

(1) Cf. la courbe n° 14.

(2) Toutes ces expériences ont naturellement été plusieurs fois répétées. Les résultats sont à peu près identiques. Cf. la courbe n° 15.

On met alors V gouttes d'adrénaline à 1 %/₀₀ sur la glande qui blanchit en 3 minutes.

Avant l'adrénaline, on obtient 8	gouttes	en 1 minute
Après l'adrénaline, »	6	»
puis, »	5	»
» »	4	»
» »	4	»
» »	5	»
» »	4	»
» »	3	»
» »	4	»
» »	4	»
Nouvelle dose d'adrénaline,		
(V gouttes) »	3	»
» »	3	»
» »	3	»
» »	2	»
» »	3	»

La sécrétion reste alors constante.

La salive sécrétée après l'adrénaline contient $1^{cg},57$ de mucine par centimètre cube. On sacrifie alors l'animal par piqûre du bulbe. — La sécrétion devient plus abondante au moment de la mort de l'animal.

CONCLUSIONS

—

60. — 1. *L'adrénaline,* agissant comme *vaso-constricteur local,* peut *diminuer ou arrêter la sécrétion sous-maxillaire* provoquée par divers procédés.

2. Quand la salivation est provoquée par *excitation électrique de la corde, l'adrénaline peut l'arrêter;* mais elle *réapparaît* par une excitation *plus forte* pour *s'arrêter* ensuite à nouveau.

3. Quand la salivation est provoquée *par la pilocarpine,* l'adrénaline *diminue* cette sécrétion, mais nous n'avons pu l'arrêter totalement.

4. *La quantité absolue de mucine sécrétée augmente après l'action de l'adrénaline employée localement.*

5. *La résection du sympathique fait disparaître au moins en partie les effets de l'adrénaline,* et il est possible *que ce poison agisse sur les terminaisons nerveuses vaso-constrictives de ce nerf.*

Il résulte aussi de ces expériences que, sans nier l'existence possible de véritables nerfs inhibiteurs de la sécrétion salivaire, dans certains cas, *la vaso-constriction seule* suffit à faire apparaître des phénomènes qui se présentent comme tout à fait analogues aux phénomènes d'inhibition sécrétoire.

CONCLUSIONS GÉNÉRALES

I. — La sécrétion salivaire produite par les glandes sous-maxillaire et parotide n'est pas toujours identique à elle-même. Elle varie quantitativement et qualitativement avec la substance ingérée. En quelques mots : à chaque excitant correspondent une salive spéciale et des quantités de salive spéciales pour une même dose d'excitant.

II. — Au point de vue quantitatif, les variations des différentes salives dépendent de plusieurs facteurs : aussi bien pour la parotide que pour la sous-maxillaire, la quantité de salive sécrétée dépend surtout de la saveur spéciale de la substance ingérée, et accessoirement de la dose, de l'état de siccité ou de dissolution de la substance, de sa solubilité dans la salive.

III. — Au point de vue qualitatif, les variations sont surtout nettes avec la sous-maxillaire. Les salives correspondant à des excitants différents apparaissent, même à un examen superficiel, comme très différentes au point de vue de la viscosité. Elles contiennent des proportions très variables de mucine. Les salives visqueuses correspondent surtout aux aliments et aux substances de goût agréable (viande, sucre), les salives aqueuses aux sels et aux amers.

IV. — La variation rapide des excitants, ingérés successivement, entraîne des variations rapides des réponses de la glande ; à chaque excitant correspond la salive qui lui est propre.

V. — Si on considère les quantités de salive parotidienne et de salive sous-maxillaire sécrétées sous l'influence de la même dose de divers excitants, on s'aperçoit qu'il n'y a aucune relation proportionnelle entre les quantités de salive sécrétées par les deux glandes. C'est tantôt la parotide, tantôt la sous-maxillaire qui sécrète le plus de salive.

VI. — Les salives pures recueillies par fistules permanentes sont toujours très peu actives vis-à-vis de l'amidon.

VII. — Il existe néanmoins quelques variations de cette activité. Ces variations sont surtout sensibles avec la sous-maxillaire, et ce sont les salives les plus riches en mucine qui sont les plus actives.

VIII. — Des expériences faites sur les salivations psychiques (salivations par perception gustative, par représentation d'images visuelles, par perception olfactive, par images auditives), il résulte que notre conclusion I peut être entendue dans un sens plus général : (pour la sous-maxillaire). La même substance, ingérée, sentie, vue ou même pressentie par l'animal fournit toujours la même salive.

IX. — La sécrétion psychique semble un résultat de l'habitude et de l'éducation. Par la suite, l'acte cérébral prend un rôle très important en amorçant la sécrétion par gustation.

X. — La sécrétion visqueuse sous-maxillaire semble correspondre d'une façon générale à la notion, acquise par le goût ou tout autre sens, d'un aliment aimé de l'animal ; la salivation aqueuse serait une salivation de défense, la salivation aqueuse psychique une salivation préventive.

DEUXIÈME PARTIE -

XI. — La section des diverses paires de nerfs gustatifs abolit, dans des cas définis, la sécrétion par perception gustative provoquée par certaines substances, mais n'empêche pas une sécrétion psychique par représentation d'images, qui est celle qui correspondait à l'excitant employé, avant la section.

XII. — L'examen d'animaux ayant subi une section des deux paires de nerfs gustatifs, nous a permis de reconnaître qu'il existe une salivation réflexe provoquée par l'excitation des terminaisons nerveuses du pharynx au moment de la déglutition : C'est un réflexe salivaire « pharyngien ».

XIII. — La sécrétion réflexe qui se produit dans ce cas est différente quantitativement et qualitativement de celle qui se produit avec les mêmes excitants, quand les nerfs gustatifs sont intacts. Elle présente quelques variations qualitatives suivant les substances employées.

XIV. — L'étude de l'action de la pilocarpine sur la sécrétion salivaire chez des chiens à fistule permanente, nous montre que cette sécrétion est différente quantitativement et qualitativement avec le temps. La marche de cette sécrétion et sa teneur en mucine (sous-maxillaire), diffèrent sur un chien normal, sur un chien à corde du tympan coupée, et sur un chien dont on a réséqué le ganglion cervical supérieur du sympathique.

XV. — La pilocarpine agit à la fois, directement sur les éléments glandulaires et sur la corde du tympan. En agissant sur la corde, on fait varier la sécrétion produite par la pilocarpine.

XVI. — L'étude de l'action de l'atropine sur des chiens à fistule permanente, nous montre les faits suivants :

1. Même à la dose d'un centigramme, en injections sous-cutanées, l'atropine ne supprime pas complètement la sécrétion produite par les excitants gustatifs. Elle la diminue et en modifie les propriétés. Cette salive est toujours la même quel que soit l'excitant.

2. Combinée à l'injection d'atropine, la résection du ganglion cervical supérieur supprime tout réflexe sécrétoire.

3. L'arrêt de la sécrétion produite par la pilocarpine, par l'atropine, se produit même après la section de la corde du tympan. L'atropine n'a donc pas une action sur la corde seule.

XVII. — La corde du tympan à elle seule est nécessaire et suffisante pour obtenir les salives, qualitativement différentes, qui correspondent à des excitants différents.

XVIII. — La régénération lente de la corde du tympan

sectionnée nous permet d'assister à une sorte de différenciation fonctionnelle de ses différents filets, et au début, à un trouble sécrétoire analogue à celui que produit en un quart d'heure une injection d'une faible dose d'atropine.

XIX. — Le sympathique qui ne produit pas à lui seul de sécrétion réflexe joue un rôle important en modérant et en régularisant la sécrétion des glandes mucipares. (Toutes ces conclusions résultent d'expériences faites sur des chiens porteurs de fistules permanentes).

XX. — L'adrénaline, agissant comme vaso-constricteur local, peut diminuer ou arrêter la sécrétion sous-maxillaire provoquée par divers procédés (excitation électrique de la corde ou pilocarpine). La vaso-constriction seule permet donc d'obtenir de véritables phénomènes d'inhibition sécrétoire.

XXI. — La résection du sympathique fait disparaître, au moins en partie, les effets de l'adrénaline ; il est possible d'admettre que ce poison a une action sur les terminaisons vaso-constrictives de ce nerf.

Courbe nº 1

Activités comparées des salives de viande et de sel dans 10 expériences.
Ordonnées : Milligrammes de glucose dans la liqueur.

A. viande crue
B. sel.

Courbe n° 2

(Tom, 7 mai 1903)

Sécrétions sous-maxillaire et parotidienne par la pilocarpine.
Ordonnées : Centimètres cubes de salive sécrétés.

A. Sécrétion sous-maxillaire totale
B. — parotidienne totale
C. — sous-maxillaire de 5′ en 5′
D. — parotidienne de 5′ en 5′.

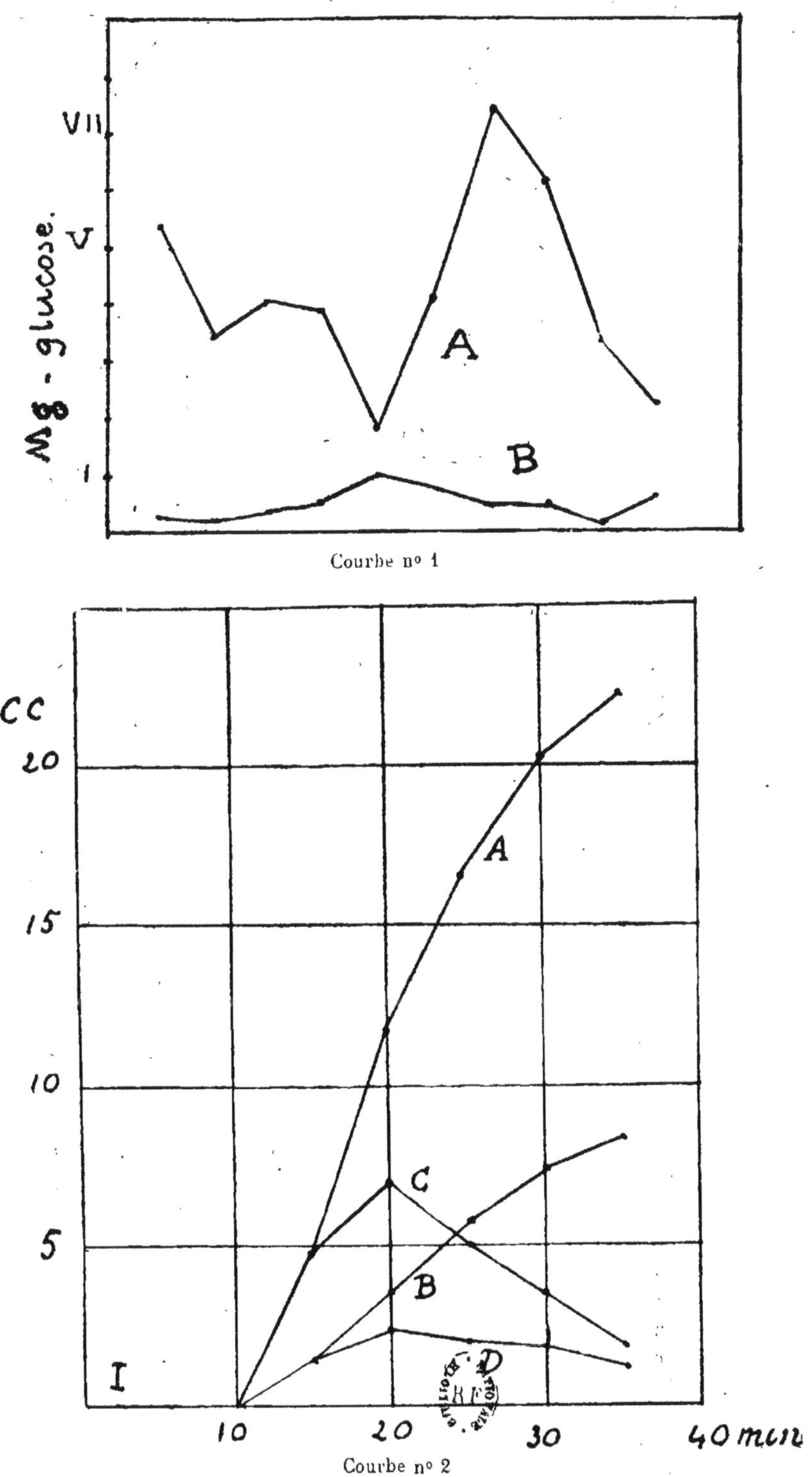

Mg - glucose.
VII
V
1
A
B
Courbe nº 1

CC
20
15
10
5
I
A
C
B
D
10
20
30
40 min.
Courbe nº 2

Courbe nº 3

Sécrétion sous-maxillaire par la pilocarpine. Maximum lent de la mucine (Médor).

Ordonnées : Centimètres cubes sécrétés.

Chiffres romains : Centigrammes de mucine dans 10 centimètres cubes de salive.

     1. Sécrétion totale
     2. Mucine
     3. Sécrétion de 5' en 5'.

Courbe nº 4

Sécrétion sous-maxillaire par la pilocarpine. Maximum brusque et élevé de la mucine (Fritz).

Ordonnées :

     Centimètres cubes sécrétés (courbes 1 et 6)
     Centigrammes de mucine (courbes 3 et 5)
     Milligrammes de glucose (courbe 4).

Chiffres romains : Centigrammes de mucine dans 10 centimètres cubes (courbe 2).

     1. Sécrétion totale
     2. Mucine.
     3. Travail mucipare total en centigrammes.
     4. Activité en milligrammes dans la liqueur.
     5. Sécrétion de la mucine de 5' en 5' en centigrammes.
     6. Sécrétion totale de 5' en 5' en centimètres cubes.

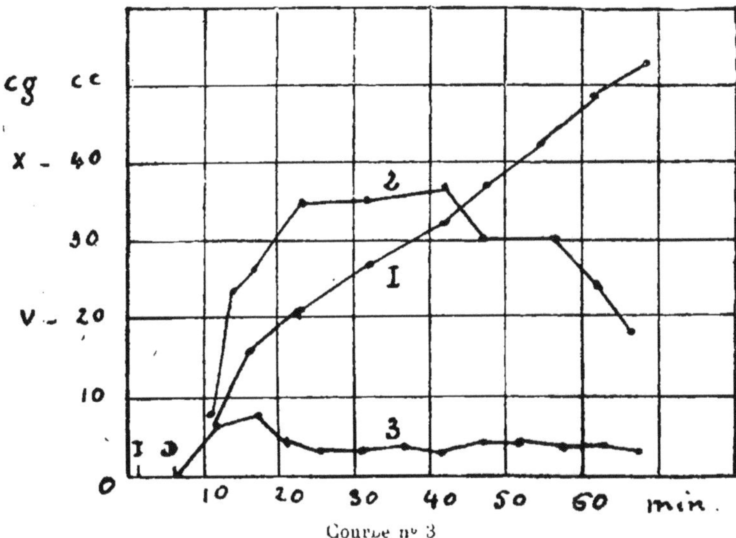

Courbe n° 3

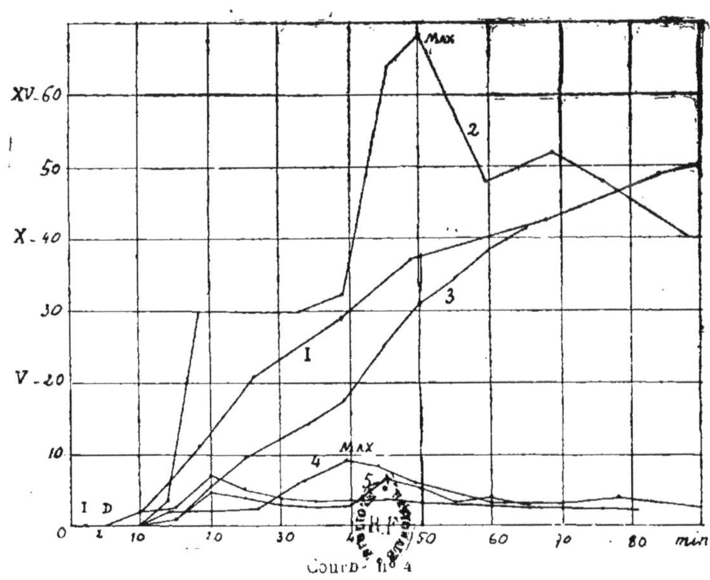

Courbe n° 4

Courbe n° 5

Sécrétion par la pilocarpine chez un chien à corde du tympan coupée (Carton).

Ordonnées : Centimètres cubes et centigrammes sécrétés (courbes I, II, IV, V), centigrammes de mucine dans 10 centimètres cubes (courbe III).

    I.   Sécrétion totale.
    II. Travail mucipare total.
    III. Mucine en centigrammes dans 10 centimètres cubes.
    IV. Sécrétion totale de 5′ en 5′ en centimètres cubes.
    V. Travail mucipare de 5′ en 5′ en centigrammes.

Courbe n° 6

Sécrétion par la pilocarpine chez un chien à sympathique réséqué (Fritz).

Ordonnées : Centimètres cubes et centigrammes sécrétés (courbes 1, 2, 4, 5), centigrammes de mucine dans 10 centimètres cubes (courbe 3).

    1. Sécrétion totale.
    2. Travail mucipare total.
    3. Mucine en centigrammes dans 10 centimètres cubes.
    4. Sécrétion totale de 5′ en 5′ en centimètres cubes.
    5. Travail mucipare de 5′ en 5′ en centigrammes.

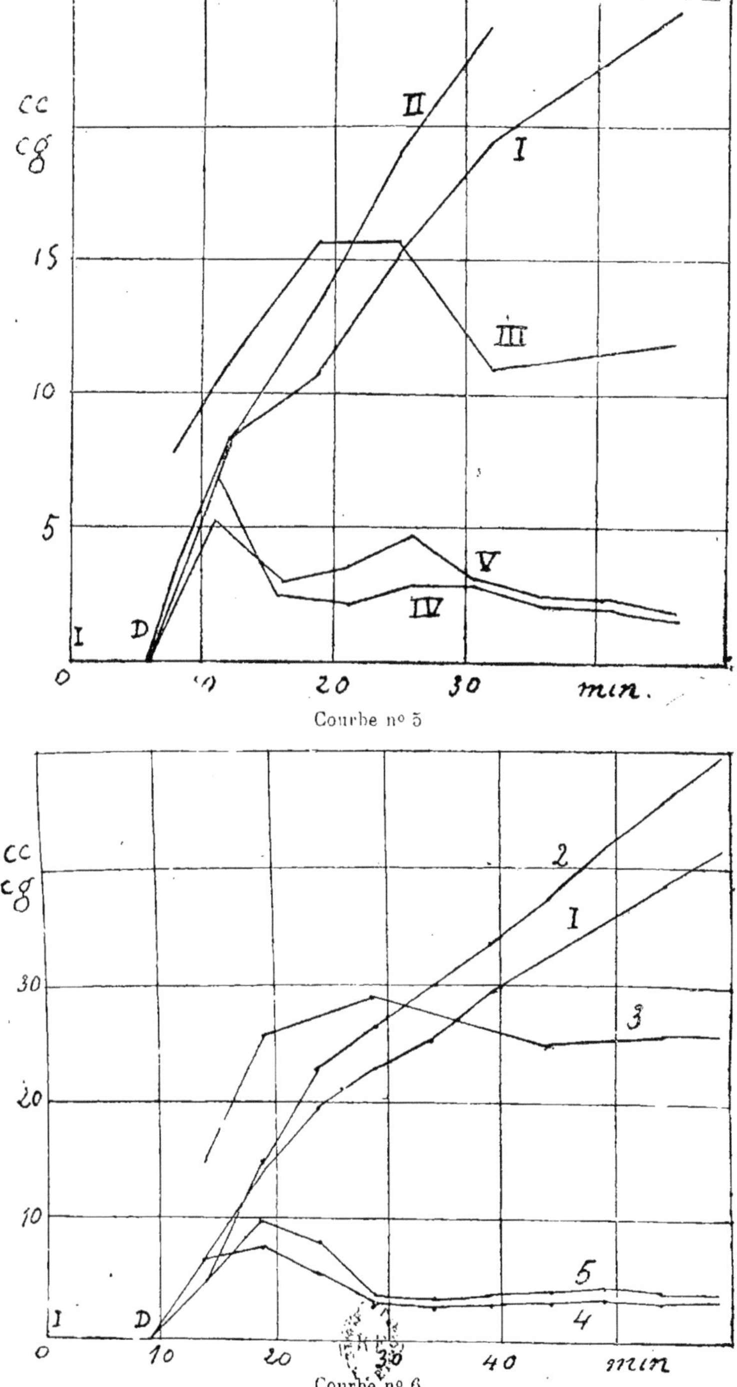

Courbe n° 5

Courbe n° 6

Courbe n° 7

Sécrétion par la pilocarpine et ingestion de sel à différents moments.

M courbe de la mucine en centigrammes dans 10 centimètres cubes (chiffres romains).

Sécrétion totale en centimètres cubes.

En S ingestions de sel marin.

Remarquer que la ligne ABCD est presque parallèle à l'axe des temps.

Courbe n° 8

Chien normal. Pilocarpine puis atropine. Ordonnées : Centimètres cubes (Courbes 1 et 2), centigrammes de mucine dans 10 centimètres cubes (Courbe 3).

En At. Injection de 3/5 centigrammes de sulfate d'atropine.

En Ar. Arrêt de la sécrétion.

1. Sécrétion totale.
2. Sécrétion de 5′ en 5′.
3. Mucine en centigrammes dans 10 centimètres cubes.

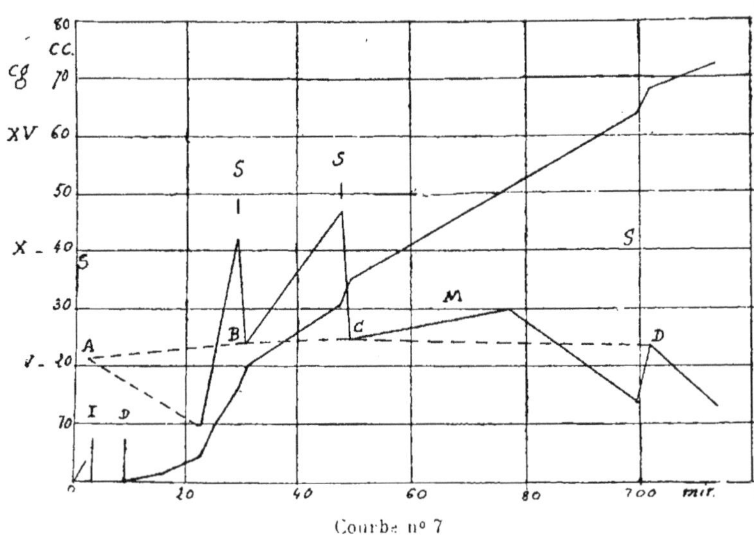

Courbe n° 7

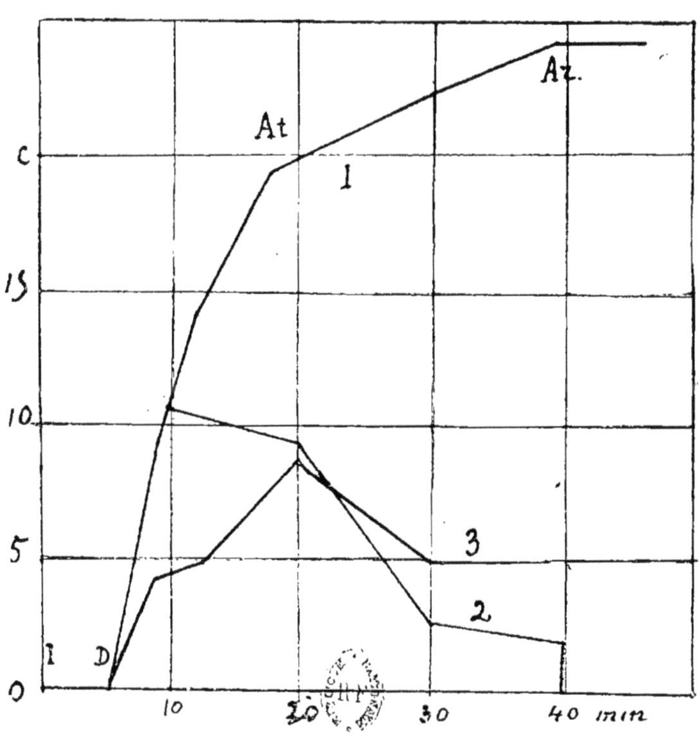

Courbe n° 8

Courbe nº 9

Chien à corde coupée. Pilocarpine puis atropine. En At injection de 3/5 centigramme de sulfate d'atropine.

1. Sécrétion totale.
2. Sécrétion de 5′ en 5′.

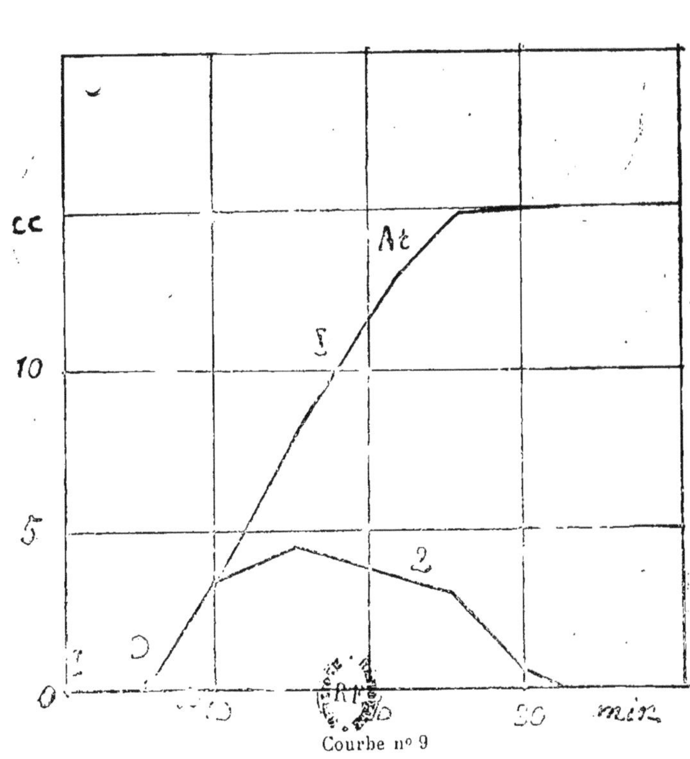

cc
10
5
0
min
50
Courbe n° 9

Courbe n° 10

Salivation comparée par excitations gustatives entre deux chiens l'un normal, l'autre à sympathique réséqué. Quantité absolue de mucine en centigrammes dans 10 centimètres cubes.

N. Chien normal.
SR. Chien à sympathique réséqué.

En abscisses. Excitants : Sel, viande crue, quinine.

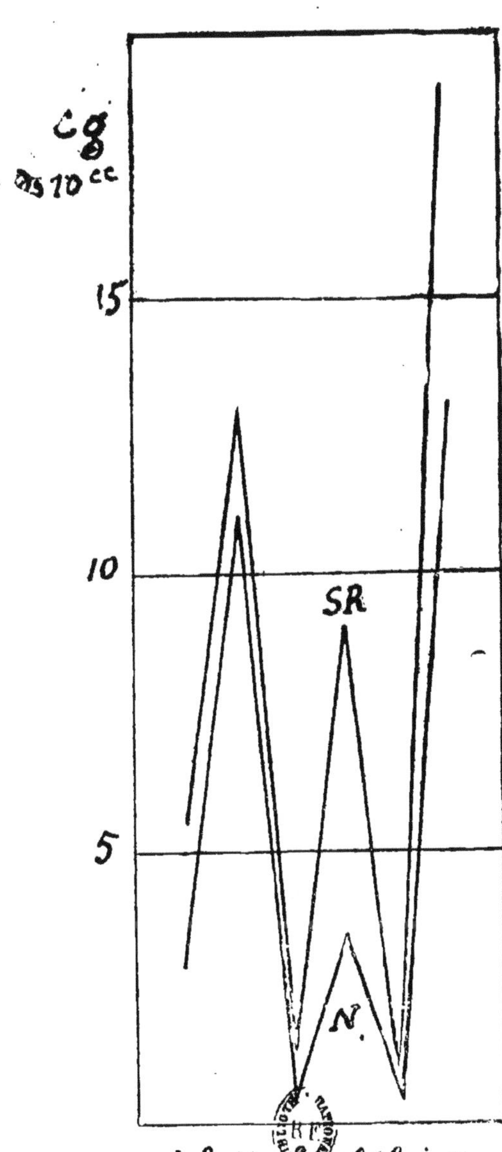

Courbe nᵒ 10

Courbe n° 11

Pilocarpine. Adrénaline par voie veineuse (Chien à fistule permanente). En Ad injection de VI gouttes d'adrénaline dans la veine saphène.

A. Sécrétion totale.
B. Mucine en centigrammes dans 10 centimètres cubes.
C. Travail mucipare en centigrammes.
D. Travail sécrétoire en centimètres cubes, à comparer au travail mucipare (Courbe C).

Courbe n° 12

Pilocarpine. Adrénaline par voie veineuse. Chien anesthésié.
En Ad, injections de VIII gouttes d'adrénaline dans la veine saphène.
En chlor. — Chloroforme après réveil du chien.

A. Sécrétion totale.
B. Mucine en centigrammes dans 10 centimètres cubes.
C. Travail sécrétoire en centimètres cubes de 2′ en 2′.
D. Travail mucipare en centigrammes de 2′ en 2′.

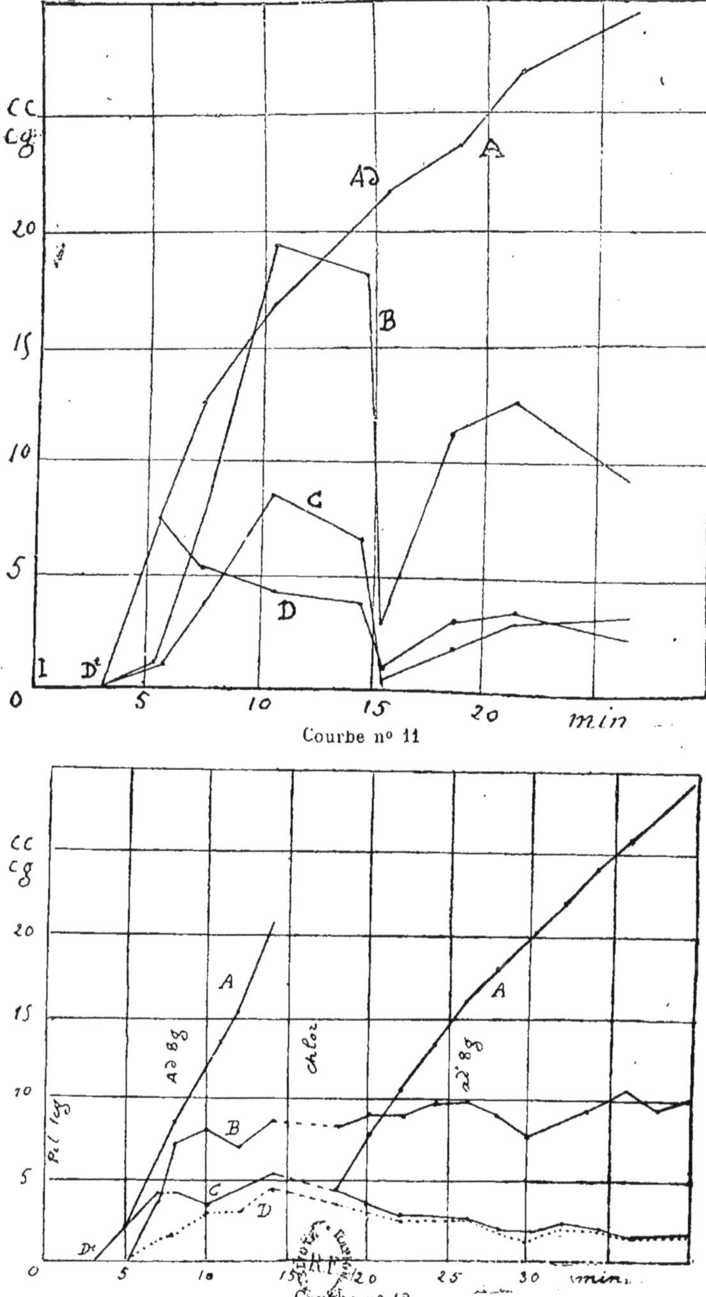

Courbe n⁰ 11

Courbe n⁰ 12

Courbe n° 13

Excitations électriques de la corde du tympan. Adrénaline localement (Anesthésie).

Au début : Excitation de la corde (Dist. des bobines : 5). En A, 5 gouttes d'adrénaline sont déposées sur la glande. Arrêt de la sécrétion.

On resserre les bobines ($\Delta = 3$), la sécrétion reprend puis s'arrête à nouveau; elle reprend encore pour $\Delta = 0$.

En K. Courant analogue sur la corde. On prépare la résection du ganglion cervical supérieur qui est effectuée en t.

Après une période de latence, la sécrétion reparaît. En M : courbe de la mucine en centigrammes dans 10 centimètres cubes, après et avant l'adrénaline.

Courbe n° 14

Même expérience.

Trait plein, sécrétion droite.

Trait pointillé, sécrétion gauche.

En Ad, on dépose V gouttes d'adrénaline sur la glande droite.

En T, résection du ganglion cervical supérieur.

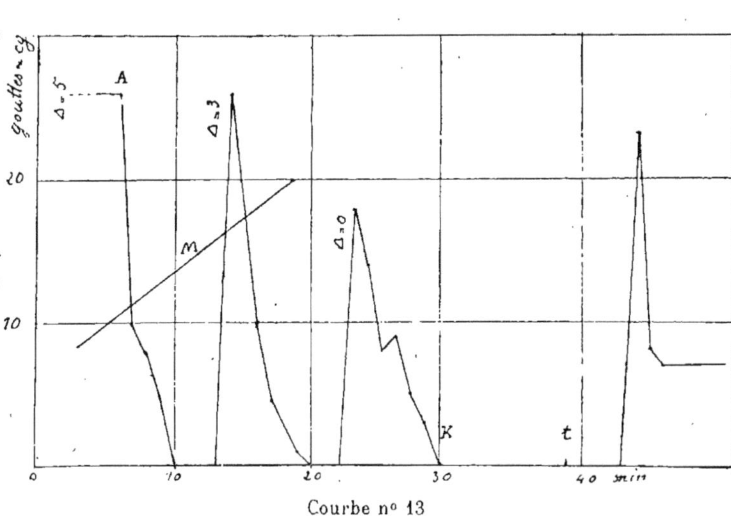

Courbe nº 13

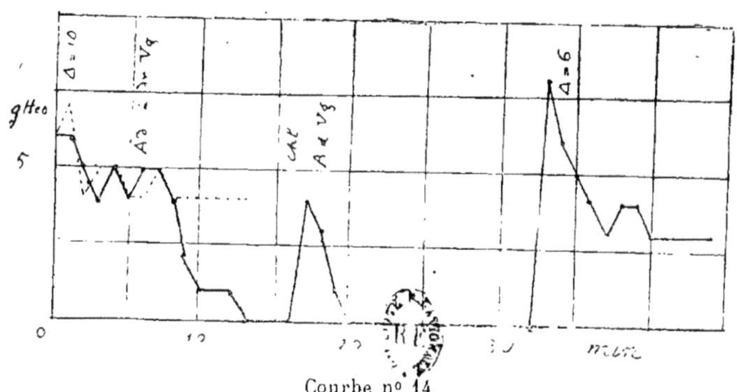

Courbe nº 14

Chien anesthésié.

Pilocarpine, puis adrénaline localement sur la glande. Courbe de la sécrétion en gouttes.

M : Mucine en centigramme dans 10 centimètres cubes avant et après l'adrénaline.

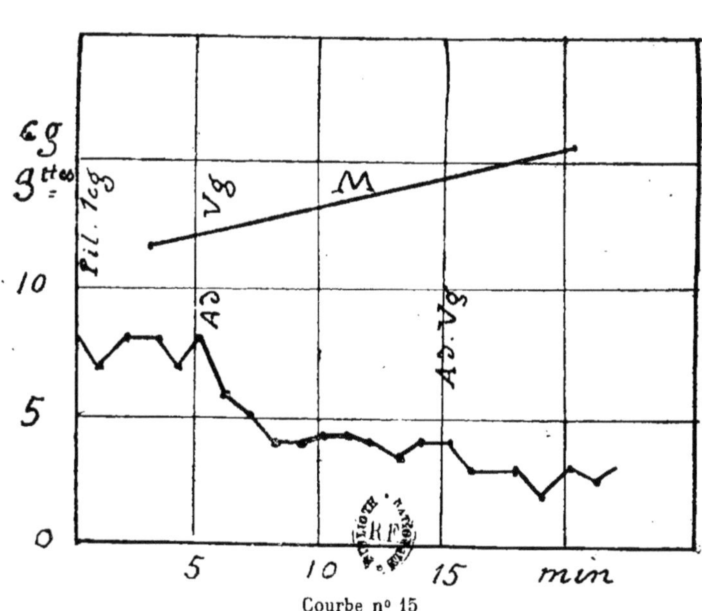

Courbe nº 15

SAINT-AMAND (CHER). — IMPRIMERIE BUSSIÈRE

www.ingramcontent.com/pod-product-compliance
Ingram Content Group UK Ltd.
Pitfield, Milton Keynes, MK11 3LW, UK
UKHW021216140726
13695UKWH00002B/577